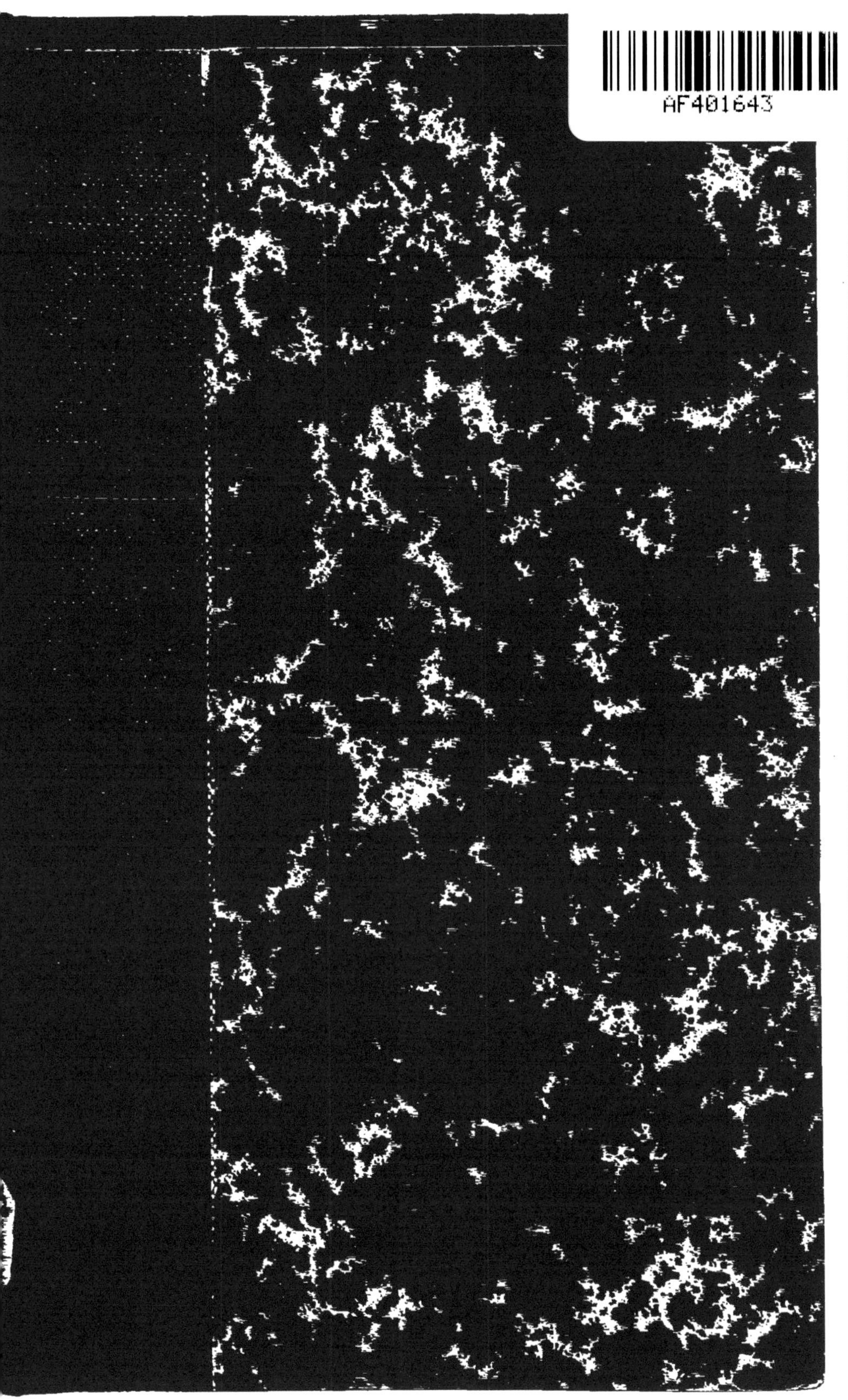
AF401643

COURS

DE

MAGNÉTISME ANIMAL

LAGNY. — Imprimerie de VIALAT.

COURS

DE

MAGNÉTISME ANIMAL

EN DOUZE LEÇONS

PAR

F. MILLET

FONDATEUR-ARCHIVISTE DE LA SOCIÉTÉ PHILANTHROPICO-MAGNÉTIQUE DE PARIS

Cherchons le vrai,
Faisons le bien.

(Devise de la Soc. Phil. Magn.)

PARIS

CHEZ L'AUTEUR

276, RUE SAINT-HONORÉ

Au Bureau du Journal l'Union Magnétique, et de la Société.

1858

On aime voir ses idées partagées par des gens
à qui l'opinion publique reconnaît un caractère et
des talents éminents. On aime surtout recevoir
d'eux des témoignages d'estime et d'affection : ce
sont là les consolations de certaines destinées dif-
ficiles. C'est ce double sentiment qui m'a poussé
à placer ce petit livre sous les auspices d'un nom
qu'il est inutile d'accompagner d'aucune épithète,
celui de M. le docteur Charpignon ; il me fit un
jour l'honneur de m'adresser les quelques lignes
suivantes, dans une lettre collective :

« Monsieur Charpignon remercie particulière-
« ment monsieur Millet de ses bons articles, qui
« sont l'expression la plus parfaite de l'homme
« qui a beaucoup vu, beaucoup fait, et qui a bien
« jugé. »

Ce livre est la reproduction littérale de ces articles.

Pardon pour un peu d'orgueil. Ce n'est pas, chez moi, péché d'habitude.

MILLET.

L'homme réunit en lui toutes les puissances de la nature, il communique par ses sens avec les objets les plus éloignés : son individu est un centre où tout se rapporte, un point où l'univers se réfléchit, un monde en raccourci

Buffon.

Le magnétisme, ou l'action de magnétiser, se compose de trois choses : 1o la volonté d'agir ; 2o un signe qui soit l'expression de cette volonté; 3o la confiance au moyen qu'on emploie.

Deleuze.

Les procédés ne sont rien, s'ils ne sont unis à une intention déterminée; on peut même dire qu'ils ne sont point la cause de l'action magnétique, mais il est incontestable qu'ils sont nécessaires pour la concentrer et la diriger, et qu'ils doivent être variés selon le but qu'on se propose.

Deleuze.

Le remède universel n'est autre chose que l'esprit vital renforcé dans un sujet convenable.

Maxwell.

On peut, à l'aide de ce principe, guérir immédiatement les maladies nerveuses et médiatement toutes les autres.

MESMER.

Et de fait l'âme a double vie : l'une conjointe avec le corps, et l'autre séparable de toute corporéité.

JAMBLIQUE.

Les hommes pendant qu'ils veillent n'ont qu'un monde, lequel est commun à tous; mais en dormant chacun a le sien à part.

PLUTARQUE.

Pendant le sommeil, l'âme remplit toutes les fonctions, tant celles qui lui sont propres, que celles du corps; si donc quelqu'un pouvait saisir, avec un jugement sain, cet état de l'âme dans le sommeil, celui-là pourrait se flatter d'avoir fait un grand pas dans la science de la sagesse.

HIPPOCRATE.

Le somnambule a les yeux fermés : il ne voit pas par les yeux, il n'entend pas par les oreilles; mais il voit et entend mieux que l'homme éveillé. Il est soumis à la volonté de son magnétiseur, pour tout ce qui ne contrarie point en lui les idées de justice et de vérité.

HUSSON.

L'esprit, dans l'extase, s'élance, va au-devant des causes et des effets, en saisit l'ensemble avec la plus grande vitesse, et le confie à l'imagination pour en tirer le résultat futur.

ARISTOTE.

— IX —

En supposant qu'une sorcière opère des maléfices, ce n'est point par l'opération du diable, qui ne saurait lui communiquer une puissance qu'il n'a pas; c'est par une faculté propre à l'homme, inhérente à la nature humaine, et dont nous pouvons faire un bon ou mauvais usage, comme de toutes les autres facultés.

VAN-HELMONT.

De pesants chagrins de fortune avaient déterminé chez ma femme, celle qui m'a aidé de son
affection et de ses conseils, depuis le moment où,
simple ouvrier, je commençais par le travail une
carrière qu'il a remplie, jusqu'à celui où le succès
sembla vouloir couronner ma laborieuse jeunesse,
une grave maladie, dont elle est morte sans avoir
joui du fruit de ses peines. Abandonnée des médecins, je ne savais plus à qui demander de me la
conserver. On me dit que le magnétisme savait le
secret des cures désespérées. J'appelai auprès de
la malade un jeune magnétiseur, M. P***, actuellement médecin distingué. Après cinq séances, il
se retira, ne voulant pas, disait-il, me faire pour-
suivre les frais d'un traitement inutile. Mais je l'a-
vais vu faire.

Sur ces entrefaites, j'appris qu'un magnétiseur
illustre, M. Ricard, ouvrait des cours publics. Je

les suivis, et je me mis ensuite à magnétiser moi-même avec énergie et constance madame Millet.

Au dire de M. le docteur M***, un des princes de la science, le cours du sang était dérangé chez elle, et, en se portant au cerveau, il déterminait des accidents qui devaient l'emporter un jour. J'obtins néanmoins bientôt une circulation normale ; paralysée aussi de tout le corps, la malade semblait vouloir marcher. Qu'on juge de mon bonheur! Mais, soit impuissance de ma part, soit que Dieu ne voulût pas me permettre cette cure, je ne pus la sauver : la maladie était trop avancée.

Toutefois, j'en avais vu assez pour être convaincu des effets du magnétisme. Pour me consoler, en faisant un peu de bien, de la perte que je venais de faire, je passai une année entière presque exclusivement à magnétiser des malades. Je rencontrai même quelques somnambules.

Cependant, j'assistais aux séances de M. Ricard, devenu mon locataire, et j'y voyais de nombreux effets du magnétisme, bien expliqués par le professeur.

Désireux de multiplier les bienfaits de ce procédé en en répandant la connaissance, je cherchai quelques personnes qui fussent, comme moi, disposées à fonder une Société, pour le traitement gratuit des malades et la propagation d'une idée salutaire. J'eus le bonheur de retrouver M. P***, qui, dix-huit mois auparavant, m'avait appris le moyen de procurer quelque soulagement à ma femme. C'est ainsi que commença, en 1840, la Société philanthropico-magnétique, qui dure, et durera, je l'espère, encore. Elle a pris pour devise : *Faire le bien, chercher le vrai.* Il ne me semble pas qu'elle y ait failli jusqu'à présent. Ce n'est que plus tard, que je songeai à recueillir les résultats de ma pratique personnelle et de mes nombreuses observations au dehors dans ce petit livre, que je donne au public plutôt comme une série de conseils utiles que comme un docte enseignement.

A ce propos, je ne puis me rappeler sans plaisir qu'un brave invalide, en lisant mon manuscrit qu'il s'était chargé de mettre au net, devint magnétiseur, sans jamais avoir eu auparavant l'idée du magnétisme. Il citait souvent la cure suivante :

Une femme avait contracté l'ignoble habitude de boire; chassée de tous les endroits où elle se présentait pour travailler, poursuivie dans la rue par les enfants, elle ne savait plus que faire pour vivre. Mon élève improvisé résolut d'appliquer le magnétisme au traitement de cette affection honteuse, produisant la misère. Il magnétisa cette femme, lui fit boire de l'eau magnétisée, et, au bout de quinze jours, la malheureuse avait contracté pour le vin un dégoût égal à sa passion première. Quelle joie pour le médecin ! on se l'imagine.

Puissé-je réussir à persuader, à force de bonnes raisons, qu'il n'est, dans bien des cas, aucun moyen meilleur que le magnétisme, pour guérir bien des affections morales et physiques.

Ce n'est que pour cela que je me suis mis un jour à écrire, et même à faire une préface comme tout le monde.

MILLET.

NOTICE

Ordinairement, quand il vous naît un livre pour lequel on espère, ou tout au moins on souhaite, comme le père à son enfant, une honorable fortune, on cherche autour de soi quelque ami, qui réunisse, à un degré suffisant, les deux conditions de complaisance et d'illustration pour ouvrir au nouveau-né l'oreille et le cœur de quelque grand saint du paradis littéraire, et varier, durant quelques pages de préface signées d'un *nom*, l'air connu :

> ... Mais, en voyant tant d'attraits, je regrette
> De ne pouvoir être que le parrain. (*bis.*)

Par exception, c'est ici l'élève, qui, sous prétexte d'avant-propos, reproduit quelques-unes des paroles du maître. Le maître, il n'est pas un cœur dans le monde magnétique à qui il ne soit cher à plus d'un titre ; l'élève, hélas !..

Ainsi faisaient, à ce que dit l'histoire, Platon et Xénophon pour le sage Socrate. Et Dieu sait si nous sommes médiocrement flattés, M. Millet et moi, de ressembler en quoi que ce soit à ces personnages si fameux depuis, quoique peu appréciés de leur temps, comme il est naturel, du moins l'un des trois.

Laissons de côté ces souvenirs enorgueillissants, et bornons-nous à dire, et bien vite, pour ne pas occuper trop longtemps le lecteur de nous, que l'élève n'a pas voulu plus composer une préface, que le maître un livre. L'un a conté simplement ce qu'il a fait et vu faire; l'autre a ajouté quelques idées oubliées dans le cours du récit, et qui, par conséquent, ne lui appartiennent pas.

Car le problème magnétique a pris une extension immense depuis quelque temps, et, sans qu'on soit parvenu à poser autour de ce point lumineux les premières bases d'une science régulière, il grossit à l'œil nu aux proportions d'une véritable révolution intellectuelle.

Cependant, quelques exceptions s'obstinent encore dans une négation systématique du fait : phénomène singulier, mais non sans analogue; procédé renouvelé de l'école qui a fait de Napoléon le général en chef des armées du roi Louis XVIII. Un pareil argument ne prouve rien contre l'évidence; il ne l'empêche pas non plus d'exister. Nous n'essayerons pas de le combattre. Le temps en fera justice.

Non plus que cet autre scepticisme, qui a pour explication l'ignorance : il faut l'envoyer à l'école, celui-là; saint Ignace y allait à quarante ans.

Prenons-nous d'abord à celui qui, raisonnant *ab absurdo*, combat le magnétisme comme un principe contradictoire avec d'autres principes acquis à la science; ou comme une série de phénomènes inexplicables par les lois connues de la nature. Au moins, voilà raisonner !

Pour commencer, il est nombre de phénomènes, classés parmi ceux qui sont dus au magnétisme, que l'on peut rattacher, sinon à des causes vulgaires, du moins à des catégories déjà instituées. L'action réciproque des hommes; la sympathie; certains effets de l'imagination, de la seconde vue même, ont de tout temps été observés. Souvent le doute s'est élevé dans l'espèce contre la réalité des manifestations de cet ordre; quelquefois il avait raison. Mais le sens commun les acceptait en général. L'histoire et la vie sont pleines de ces singularités que le magnétisme reproduit à volonté; et il n'a fait qu'user du droit de prendre son bien où on le trouve, en les recueillant pour les joindre à la collection de ses effets spéciaux. Le magnétisme ne date pas de Mesmer : il date de la nature; Mesmer n'a fait que lui donner un nom.

Mais, lorsque M. Regazzoni, placé en présence d'un sujet inconnu, tuméfie à distance les glandes mammaires d'une femme, la science déclare non-seulement ignorer la cause de cette impossible réalité, mais encore ne lui connaître aucune analogie dans l'observation.

Pris pour unité entre mille autres, ce fait existe ou n'existe pas. Il suffit, pour se prononcer entre ces deux alternatives, d'ouvrir les yeux et de regarder. S'il existe, il cesse d'être absurde par cela même. Mais on peut encore trouver en sa faveur des arguments presque aussi concluants que son évidence matérielle.

Depuis que s'exerce, et l'on sait avec quel succès dans ces derniers temps, la faculté d'investigation et d'analyse de l'homme, les lois de la nature n'ont été que successivement démêlées de la confusion d'un monde complexe. Il y a peu de temps que les formules scientifiques ont pris un degré de certitude qui leur permet de servir de fondement aux miraculeuses applications de notre époque. L'histoire sait combien de temps elles furent inconnues, puis méconnues, et par quelle aventure elles ont renversé les préjugés qu'elles attaquaient.

Quand on croyait à l'horreur du vide, beaucoup d'effets de la pesanteur étaient attribués à des causes différentes. Combien de phénomènes s'expliqueront par le magnétisme ! Une cause nouvelle avec des lois problématiques qu'on vient de distinguer des autres, comme on a distingué l'une après l'autre l'électricité et le galvanisme : une grande découverte de plus ; pourquoi en douter, quand l'expérience du passé démontre que cela est possible et que l'observation du présent atteste que cela est?

Triste argument en effet, que celui-ci, et bien indigne d'une science consciencieuse : « Nous repoussons le magnétisme parce qu'il détruit la moitié de nos connaissances en physiologie. » C'est un malheur pour la physiologie, mais pourquoi le magnétisme en souffrirait-il? Aurait-il fallu supprimer l'Amérique, parce qu'elle donnait au monde une étendue double de celle qu'on lui accordait avant Christophe Colomb? On a préféré changer la géographie, et c'était bien fait.

Plus fâcheux encore cet autre argument : « Je ne croirais pas aux phénomènes magnétiques, quand je les produirais moi-même. » Qu'est-ce à dire? Suffit-il donc de voir de ses yeux pour avoir le droit de douter? Saint Thomas l'incrédule n'était pas si difficile.

Que de semblables raisons soient légères à ceux qui en ont le brevet : la postérité les pèsera.

Laissons les mathématiques raisonner *ab absurdo* : leurs axiomes sont établis sur des conventions qui résultent des conditions de notre raisonnement; notre raisonnement s'arrête aux limites du syllogisme; mais la nature : qui sait où elle finit, sinon celui qui lui a imprimé un commencement?

Arrivons à ceux qui, n'osant pas douter du magnétisme et n'ayant d'ailleurs aucun intérêt à le faire, ont imaginé d'en avoir peur.

D'abord, tout, comme la langue d'Ésope, est bon ou mauvais tour à tour : on l'a dit assez ; ne le répétons pas.

Mais, le magnétisme présentât-il plus d'inconvénients que d'avantages, nous est-il loisible d'en empêcher les manifestations ; nous est-il même permis de ne pas les provoquer ?

Où nous allons : Dieu le sait, lui qui nous guide. Mais il ne dépend guère de nous d'étouffer une vérité, quelle qu'elle soit, quand même elle nous semblerait dangereuse, du moment où la Providence l'a lancée au travers du monde, sans doute en vue de ses desseins, devant lesquels le mieux est de nous incliner.

François Ier avait prévu les dangers de l'imprimerie : il essaya d'en arrêter les progrès ; le put-il, roi tout-puissant, quoique l'imprimerie ne fût qu'une invention humaine ? Pas plus que le malheureux Louis XVI ne put prévenir le déluge que son prédécesseur avait annoncé *après lui*.

Instruments de la Providence, elle nous a dit comme au Juif errant : « Marche ; » et il nous faut marcher. Seulement, elle nous a donné la conscience du bien et du mal pour nous éclairer sur l'emploi des forces qu'elle nous confie. Gens bien intentionnés, le magnétisme existe ; peut-être serait-il une arme meurtrière entre les mains des méchants ; retenons-le dans les nôtres.

Mais craignons l'excès de quelque côté qu'il soit.

Un jour, le Nouveau Monde s'est imaginé que l'homme est en relation avec certaines puissances supposées, intermédiaires entre Dieu et lui ; l'Ancien n'a pas tardé à emprunter cette croyance à son frère, qui, en la lui prêtant, s'est vengé une fois de plus de tous les maux que nous lui avions portés avec notre civilisation, au temps de Cortès et de Pizarre. Donnant donnant.

Au commencement était Davis ; Davis engendra les Fox ; Cahagnet procède des deux, et M. de Mirville descend de Cahagnet en ligne directe. Où s'arrêtera la généalogie ?

Et voilà que Delaage, qui aurait été un charmant écrivain (*que n'écrit-il en prose ?*), s'est mis à pronostiquer, dans des livres inutiles, et même inquiétants, en s'appuyant sur des faits trop contestables, une multitude de résultats pour l'avenir, dont l'idée seule fait dresser les cheveux sur toute tête bien portante :

Le retour de la magie et des influences malveillantes de l'homme sur l'homme s'exerçant à distance ; de la sorcellerie : toute une théorie d'évocations posthumes, avec l'accompagnement obligaoire de malins plus ou moins sérieux, et, qui p^l

est, des exorcismes dont l'Église faisait un si grand débit, à l'époque où l'on croyait aux sorciers.

Par une de ces métamorphoses protéennes qui lui sont familières, l'ultramontanisme s'est emparé de cette arme nouvelle : il voudrait nous ramener au pape, en nous faisant croire aux esprits. Lisez M. de Mirville : il ne cache pas son but.

Mais, si nous nous refusions à croire, faudrait-il nous brûler comme autrefois? Prenons garde à la logique, et déchirons le grimoire, qui nous annonce l'inquisition.

Est-il donc besoin des esprits, quand nous avons Dieu sous la main, pour expliquer tout ce qui ne s'explique pas ? Pourquoi ressusciter le rituel de Loudun, quand la philosophie du sens commun nous suffit?

Dieu, qui nous a donné à chacun un rôle dans le drame que joue l'humanité, ne peut-il nous souffler lui-même les mots, lorsque nous péchons par mémoire, et a-t-il besoin d'intermédiaires pour cela? Il s'en passe bien, pour entretenir un mouvement régulier et harmonique dans le monde imperceptible des infiniments petits.

Il nous a créés à son image, en nous donnant une âme comme la sienne, pétrie d'intelligence, de charité, et de vouloir, avec la liberté pour employer tout cela ; munis de ces forces immenses, nous avons transformé la matière, constitué des peuples avec leurs lois et leur civilisation :

Adam serait bien étonné, s'il revenait au monde, de voir ce que nous en avons fait. Et quand M. Home meut un chapeau, quand un *rebouteux* guérit une entorse, nous crions : « A l'esprit ! » La foi remue les montagnes en s'aidant de la toute-puissante volonté; et notre âme n'a-t-elle pas prouvé depuis la création un dynamisme bien plus puissant que celui que déploie un médium pour agiter une table, ou Regazzoni pour gonfler même une planche ?

Et l'imagination, vous n'y pensez donc pas : elle crée des esprits et des bouquets ; des corbeilles qui s'envolent, et des morts qui reviennent; où est le miracle ? Elle en a fait bien d'autres en édifiant *la Jérusalem délivrée*, les romans *d'Anne Radcliffe* et les remords personnifiés d'Oreste et de Macbeth.

Prenez garde, spiritualistes : le chemin que vous suivez conduit au panthéisme en passant par l'étape de Charenton. Vos surintelligences hors nature, en vous éloignant de Dieu, vous rapprochent, toujours à reculons, du *fatum volitans* de Lucrèce. J'aimerais mieux cela que le moyen âge. Mais c'est encore du passé : c'est le dix-huitième siècle. Vous louvoyez entre le petit Albert et le grand Helvétius : triste alternative.

Il nous avait toujours semblé, et il nous semble bien davantage encore, depuis que le spiritualisme a organisé son formidable mouvement, que l'on se méprenait sur la nature du problème posé par Mesmer.

On s'est appliqué à prouver, d'un côté, que le magnétisme est un fluide; de l'autre, qu'il n'en est rien. Qu'importe? Quand on aura prouvé qu'il existe ou qu'il n'existe pas une inconnue qu'on veut appeler fluide, dans l'action magnétique, aura-t-on fait un pas dans la question? Qu'est-ce qu'un fluide? Ce par quoi une force agit. — Sans doute. — Mais comment et pourquoi? Il faudra toujours s'arrêter là. D'ailleurs, à force d'expérimenter sur cette donnée, on est arrivé à conclure la loi suivante, que nous avons entendu formuler par un des magnétistes les plus mûrs de l'école critique, M. Mialle: « Il n'est aucune généralité, en magnétisme, à laquelle on ne puisse immédiatement opposer plusieurs expériences concluantes, propres à la détruire. »

Il eût été préférable, selon nous, au lieu de se demander si le magnétisme était un agent identique, analogue ou différent, relativement aux autres agents de la nature, en produisant ou en subissant des manifestations nouvelles de cet agent problématique; il eût été préférable de chercher quel est, dans les phénomènes de cette série, le fait primitif, permanent, *sine quo non*, de leur production. Sur ce point se trouve concentré tout l'intérêt philosophique du problème ; et l'observation, appuyée, comme dans les sciences ordinaires, sur la notion de la Providence, eût amené à des résultats bien plus satisfaisants.

Étant donnés l'homme et la nature, ou, si l'on veut, Dieu ou la puissance créatrice, rien ne doit plus étonner, dans le magnétisme, autant qu'on voudra étendre la portée de cette expression.

L'homme agissant sur l'homme, ou le reste du monde; la Providence dirigeant cette action : voilà, ce nous semble, toute une théorie, en deux mots. Elle n'est certes pas neuve, et, en vérité, après six mille ans, pouvons-nous avoir la prétention d'innover en rien, dans l'ordre philosophique?

C'est assez dire que, selon nous, on s'épuisera en vain à chercher le mot du magnétisme, considéré comme science, et à placer une solution quelconque au-dessus de la discussion.

Arrière, l'hermétisme et la magie, toutes idées dont le sens commun a fait justice, inventées autrefois par l'exclusivisme ombrageux des théocraties, renouvelées au moyen âge par une science sans méthode et sans base; de semblables conceptions ne sauraient tenir devant la critique la plus élémentaire, appuyée sur les plus simples aperçus de la religion naturelle.

L'homme est indispensable à la production du problème magnétique : de près ou à distance, avec ou sans l'intermédiaire du corps, dans la mesure d'une énergie relative à son organisation générale, c'est toujours par lui que s'opèrent les manifestations observées. De ces faits universels, il résulte évidemment que l'action magnétique, quelle qu'en soit la forme, est le produit de ce qu'il y a, dans l'homme, de spécialement humain , de personnellement approprié à lui, de l'âme en un mot; le magnétisme, c'est la force animique, agissant avec un dynamisme subordonné aux influences de la force supérieure, de Dieu; il est une série d'agents dont on connaît les lois : l'électricité, la chaleur, etc. ; il est un autre agent, dont *le modus operandi* est déterminé par la volonté providentielle : c'est le magnétisme.

Dans les phénomènes du somnambulisme magnétique, ordre de manifestations singulières, capricieuses, contradictoires, qui nous montre à côté d'intuitions éclatantes les plus grotesques erreurs, Dieu se fait voir plus clairement encore, tour à tour nous révélant des vérités utiles et nous livrant à toutes les impuissances de notre propre imagination.

N'est-ce pas assez expliquer pourquoi il est impossible que jamais le magnétisme se trouve assujetti à l'espèce de réglementation qui gouverne les autres sciences ?

L'homme a reçu de Dieu, qui l'a créé, une part, mais une part bien restreinte, de sa puissance. Aux uns, il l'a donnée plus grande qu'aux autres, suivant le rôle qu'il a assigné à chacun dans ce drame qui se joue ici-bas en vue de ses desseins par notre moyen, quoique souvent aux dépens de notre vie matérielle. Mesurez donc maintenant le degré et les moyens d'action qu'il nous a donnés, ainsi que les lumières qu'il nous a départies : ce serait surprendre le secret de ses vues éternelles. Il est absurde de l'espérer.

Est-ce à dire qu'il faille, parce que nous ne pouvons assigner d'immuables lois à cette force éternelle mais récemment nommée, refuser l'aide qu'elle nous apporte pour accomplir notre œuvre? Non, certainement. Autant vaudrait dire que la vérité doit être dédaignée, parce qu'elle est difficile à trouver; que la vertu est inutile, parce que souvent elle a de la peine à trouver son chemin entre le bien et le mal.

De ce point de vue, le problème nous apparaît bien simplifié.

L'étude du magnétisme ne serait plus qu'une nouvelle forme de l'étude philosophique en général. L'âme, objet de l'observation de tous les penseurs, y apparaît, non plus comme une inerte abstraction, mais comme une force analogue à toutes les autres forces de la nature; de tout temps remarquée mais jamais réglée, parce que son action et son développement sont souvent modifiés par le développement et l'action de la force divine. Il y a là de quoi rassurer bien des timidités.

N'eussions-nous abouti qu'au résultat de sortir, sans effort, de ce monde occulte dans lequel toute

une école veut nous plonger, nous serions encore
satisfaits d'une solution qui, au moins, tient compte
de deux éléments éternels, Dieu et le sens commun
des peuples.

E. GUILLOT.

COURS

DE

MAGNÉTISME ANIMAL

EN DOUZE LEÇONS

Les élèves qui voudront joindre à la pratique l'étude approfondie de la science magnétique, trouveront des centaines d'ouvrages sur ce sujet, ouvrages écrits par des auteurs dont le talent et le mérite sont bien connus. Pour moi, je suis une mécanique agissante et parlante, comme le Créateur en a tant fait; je conte ce que j'ai fait moi-même et ce que j'ai vu faire. Peut-être serai-je bien critiqué? mais, au moins, on appréciera mon but unique : la propagation du magnétisme; donner au mari la connaissance de guérir sa femme, à la femme la possibilité de guérir ses enfants ou d'arrêter à temps des maladies qui peuvent devenir mortelles (1). Et quand je m'exprime ainsi, je n'exclus

(1) Ma conviction est que, si un homme tombait près de moi d'une apoplexie foudroyante, moi, magnétiseur, je lui sauverais la vie.

1

pas les soins souvent indispensables du médecin.

Les quelques faits que je raconte (et j'aurais pu en ajouter bien d'autres) sont suffisants pour en donner des preuves.

Gloire à ceux qui ont usé leur vie à des travaux utiles ! Gloire à Mesmer ! le résurrecteur du magnétisme. Honneur à Deleuze, à Puységur, etc., etc., qui ont entretenu le feu sacré de l'autel !

PREMIÈRE LEÇON

DU MAGNÉTISME

Ce fut vers l'année 1772 que Mesmer, médecin de Vienne (Autriche), membre de la Faculté de médecine de cette capitale, fut conduit, par une série d'expériences miraculeuses, à proclamer l'existence d'un agent, d'un fluide universel, qu'il nomma *magnétisme*, et dont il étudia les merveilleuses propriétés. Ce fluide, capable de se dégager et de se transmettre, devenait surtout un agent très-efficace de guérison dans une foule d'affections pour lesquelles la médecine était demeurée jusqu'alors impuissante.

Mesmer vint à Paris, vers 1780, exposer sa doctrine. Il quitta ensuite la France, et est mort dans son pays en 1815.

Je ne dirai rien des persécutions qu'il a eu à supporter, des dégoûts qu'il a dû éprouver, ainsi que tous ses disciples, pour une science qui, un jour, rendra de si grands services à l'humanité; mais nous avons rencontré, et le nombre augmente tous les jours, des hommes courageux, désintéressés, qui nous ont aidé et nous aideront à faire réussir cette œuvre de bien.

Le magnétisme animal est la manifestation de la faculté que possèdent naturellement tous les êtres d'agir les uns sur les autres, et chacun sur sa propre organisation; mais plus ou moins puissamment, en raison de la force respective et de la confiance qu'on a de soi-même, et de la pureté de ses pensées.

L'action magnétique se manifeste plus ou moins promptement, en raison des sympathies et des tempéraments, et de l'idiosyncrasie des individus.

Cette action est plus ou moins forte, en raison de la volonté émise.

C'est la volonté qui met en jeu la machine agissante; c'est elle-même qui est le moteur de l'action.

Chaque être possède une certaine quantité de fluide nerveux ou fluide vital qui peut s'échapper par tous les pores, et dont la plus forte partie vient du cerveau, d'où elle s'échappe plus ou moins promptement, en plus ou moins grande quantité, en raison des forces animales.

Le fluide nerveux, comme tous les fluides impondérables, est invisible à nos yeux. Les somnambules prétendent le voir, et l'un d'eux l'a ainsi défini : *flamme coulante qui entretient la vie, et qui parcourt le trajet des nerfs.*

Ce fluide, qui peut se communiquer d'un individu à un autre, même à de grandes distances et à travers les corps opaques, présente certaine analogie avec l'électricité et avec l'aimant; il a, en outre, des qualités particulières qui lui sont propres.

Les effets que produit la torpille, ou tout autre poisson électrique, prouvent positivement ce que nous venons de dire; et la remarque la plus significative qu'on ait faite, c'est que les forces électriques ou magnétiques, ou mieux électro-magnétiques de la torpille, par exemple, sont plus fortes vers la tête qu'à l'extrémité opposée : c'est donc dans le cerveau qu'est accumulé le fluide.

Dans notre espèce, en général, les effets sont moins frappants; mais ils n'en sont pas moins positifs.

Nous donnerons pour exemple de la puissance magnétique de l'homme, l'influence bien surprenante, et cependant bien réelle, qu'ont exercée sur les animaux les plus féroces, Martin, Carter et autres. Qui ne connaît la crainte qu'inspirent ces hercules modernes aux tigres, aux lions, à la hyène elle-même, dont la voracité et la sauvagerie respectent en tremblant le maître qui, d'un simple regard, gouverne leur naturel féroce et les frappe comme d'une paralysie spontanée, par les terribles regards qui les pénètrent de rayons engourdissants.

On trouve dans un numéro du journal anglais *le Zoist* deux faits communiqués par le duc de Marlborough, qui, en 1843, opérant sur un chien de cour tellement féroce, que personne n'osait s'en approcher, l'endormit en moins de trois minutes, alors qu'il montrait les crocs et grondait encore. Sa Grâce opéra, à Blenheim, sur un autre chien de garde aussi méchant, et obtint le même résultat.

Le révérend T. Barlett, de Kengstone, près Cantorbéry, a fourni le second cas, et raconte que, dans l'automne de 1837, descendant une montagne du Westmoreland, il aperçut, s'approchant de la barrière d'une prairie qui bordait la route, un taureau dont l'œil en feu, les naseaux ouverts et les longs mugissements témoignaient suffisamment de son désir de faire connaissance plus intime avec le digne pasteur. Craignant, avec quelque raison, qu'il ne prît fantaisie à son dangereux voisin de franchir la haie, le révérend, ne voyant pas d'autres moyens de salut, s'approcha résolûment de la barrière en fixant sur l'animal irrité un long regard qui l'arrêta tout court. Le courageux ecclésiastique continuant à agir, parvint, au bout de deux minutes, à déterminer chez son ennemi ce clignotement particulier des paupières qui dénote, chez l'homme, les premières influences de l'action magnétique; trois ou quatre minutes après, les yeux du taureau se fermèrent insensiblement, et l'animal, endormi, demeura complétement immobile, comme s'il eût été taillé dans la pierre par la main du sculpteur.

On voit également chaque jour, parmi les animaux en général, les effets les plus certains d'influences diverses. Qui ne sait que le serpent magnétise l'oiseau? Qui ignore la force attractive qu'exerce le crapaud sur la belette? Qui n'a vu le chien d'arrêt paralyser la caille ou la perdrix?

Il nous semble qu'il est impossible de révoquer en doute toutes ces choses, et qu'on ne saurait donner une explication raisonnable de ces prodigieux effets, que par ce que nous appelons le magnétisme animal.

Nous poserons en fait, que le fluide qui entretient l'action de nos nerfs est le véritable principe du magnétisme animal; que ce fluide s'émane par la volonté de celui qui agit, et va saturer les corps vers lesquels on le dirige, en tant qu'il n'y a pas répulsion de la part de ceux-ci pour annihiler la force émise.

Ce fluide produit, indépendamment des phénomènes analogues à quelques-uns de ceux qu'on obtient par l'aimant ou par l'électricité, un état particulier, semblable au sommeil; et c'est dans cet état que naissent assez souvent les phénomènes du somnambulisme ou de l'extase, phénomènes analogues aux causes naturelles connues sous le même nom.

Ce fluide, principe de la vie, est éminemment bienfaisant aux malades.

Le magnétiseur, qui doit être sain de corps et d'esprit, chose indispensable pour agir efficacement, peut imprégner plus ou moins son sujet, soit généralement, soit partiellement; il est évident que cet agent est un excellent moyen curatif. Il agit spontanément sur la circulation nerveuse et sanguine, rétablit l'harmonie lorsqu'elle est troublée, donne de la force et de la vie aux organes malades.

C'est à tort que quelques personnes prétendent que le magnétisme n'est qu'un surexcitant des nerfs; nous avons souvent démontré par des faits, beaucoup plus concluants que toutes les théories, que l'agent magnétique peut agir comme sédatif, débilitant ou tonique, suivant la direction qu'on lui assigne et le choix du magnétiseur.

Nous avons reconnu que les procédés qu'on peut employer pour déterminer tels ou tels effets ne sont point indifférents; car, bien que la volonté soit le principal moteur de l'action magnétique, il n'en est pas moins vrai que les accessoires nécessaires ne sauraient être supprimés ou mal combinés, sans nuire à la production ou au développement des phénomènes.

Nous recommandons avec beaucoup d'instance l'eau magnétisée pour les malades qui se font traiter par la magnétisation; elle doit être magnétisée en mettant le bout des doigts, pendant deux à trois minutes, au-dessus du vase, avec une forte et bonne volonté de faire un médicament approprié au mal; ne vous inquiétez pas de savoir le résultat, ni de ce que vous faites; les effets en seront toujours salutaires, et, si c'est dans le somnambulisme que vous le donnez, votre malade saura bien vous dire le composé que vous venez de faire, et vous recommandera bien de ne pas manquer de lui en donner chaque fois qu'il sera dans le sommeil; pris dans cet état, l'effet en est beaucoup plus prompt; un quart d'heure suffit pour que le médicament que vous venez de lui administrer ait fait son effet; vous pouvez le réveiller, après lui avoir demandé son avis, car il ne faut jamais brusquer le réveil.

Les globules homéopathiques qui, dans beaucoup de cas, produisent de très-bons effets, peuvent être neutralisés par un quart de verre d'eau magnétisée (au dire d'un médecin homéopathe qui a beaucoup magnétisé). Il suit de là que l'agent ou le fluide déposé dans le verre a plus de force médicamenteuse que les globules administrés.

Dans des cas de maladies de langueur, de faiblesses, il serait bon de magnétiser les aliments, les vêtements, le lit; ce fluide régénérateur produira de bons effets; j'ai vu des malades à qui rien ne pouvait passer, pas même une goutte de bouillon, ni une goutte de lait; eh bien! le bouillon et le lait magnétisés étaient parfaitement digérés, et au bout de peu de jours ils en prenaient d'assez grandes quantités sans difficulté; puis les forces et l'appétit revenaient.

On peut encore se servir d'eau magnétisée pour lotions, injections, dans une foule de circonstances, brûlures, contusions, inflammations. Le magnétiseur intelligent et expérimenté doit savoir l'employer en temps utile.

Si l'on devait faire souvent usage d'eau magnétisée, il serait bien préférable de se servir d'eau qu'on aurait fait bouillir préalablement, et qu'on magnétiserait après être refroidie.

Nous ne sommes point fixés positivement sur le point de savoir s'il existe des individus insensibles au magnétisme. Nous pensons que cela doit être, bien que, d'après notre propre expérience, nous nous soyons convaincu que tel individu, qui n'avait ressenti aucun effet de l'action de certains magnétiseurs, éprouve des sensations bien marquées (et cela quelquefois spontanément) de l'action de certains autres.

La volonté, aidée de tels ou tels procédés, agit d'une manière puissante, tandis qu'accompagnée de procédés différents, elle ne produit bien souvent rien d'apparent. — Je dis rien d'apparent; car, si une personne qui se soumet à la magnétisation était examinée avec soin par un médecin, qui aurait constaté les pulsations, l'état du calorique, la sécheresse de la peau; après une magnétisation de vingt minutes, malgré le dire du magnétisé (*je n'ai rien éprouvé*), le même médecin trouverait un changement dans le nombre des pulsations, en hausse ou en baisse, plus de chaleur ou de refroidissement, la peau plus sèche ou plus humide, surtout au creux des mains. J'ai magnétisé une personne qui n'avait pas ressenti d'autres effets qu'un froid glacial par tout le corps et la fermeture des paupières; je ne pouvais la réchauffer. Elle me dit : « Je me suis fait magnétiser par un autre ; je ne fermais pas les yeux, mais il me mettait dans un état de chaleur et dans une transpiration insupportables. »

A la séance publique du 29 janvier 1851 de la Société philanthropico-magnétique, trois cent cinquante personnes présentes, rue Lamartine, 23 :

M. Hébert de Garnay, assistant comme membre honoraire, donne quelques détails sur les différents phénomènes que présente le magnétisme; puis il demande à prouver que le fluide, dirigé par une volonté bien soutenue, peut agir sur la circulation. A cet effet il demande, pour écarter toute idée qui mettrait en suspicion la bonne foi des magnétiseurs, s'il se trouve dans l'auditoire, soit un médecin, soit une personne capable d'apprécier des phénomènes qui ne peuvent être visiblement connus, l'augmentation et la diminution, à volonté, des pulsations, des battements du cœur.

M. le docteur Louyet se présente, prend sa montre et la main du monsieur qui veut bien se prêter à cette expérience ; le docteur Duplanty (notre président) prend l'autre main ; le pouls donne cent vingt pulsations à la minute, chiffre très-élevé, dû sans doute à l'émotion du magnétiseur placé devant son sujet ; dans l'attente du résultat des deux docteurs, M. Hébert actionne ce monsieur ; la respiration devient plus agitée et, à un moment donné, on constate cent vingt-huit pulsations à la minute ; agissant dans une volonté contraire, les pulsations redescendent à cent huit. Les deux docteurs ont été parfaitement d'accord dans cette vérification.

Passant un jour par la place Vendôme, j'entendis des cris qui venaient du haut de la colonne ; je m'arrêtai, lorsque je vis descendre le plus âgé des gardiens (celui qui a ses deux bras) avec un homme sur ses épaules. On plaça une chaise contre la grille, et le gardien y déposa son fardeau. C'était un homme de vingt-quatre à vingt-cinq ans, grand, bien vêtu, n'ayant plus la tête à lui ; il avait eu probablement l'envie de se détruire ; mais un monsieur et son fils, qui étaient montés en même temps que lui, avaient jeté les cris de détresse que nous avions entendus.

Ce pauvre jeune homme avait les yeux hagards, le teint d'un blanc livide, les cheveux en désordre,

son gilet et sa chemise tout arrachés; ses paroles étaient sans suite; tout à coup il se relève
de la chaise où on l'avait placé, voulant à toute
force ôter son habit; je l'en empêchai; alors il re-
tomba sur sa chaise. Je profitai de cela pour lui
mettre la main sur le front, avec la volonté puissante de le calmer, volonté que ces moments-là
vous donnent. Deux minutes s'étaient à peine
écoulées, qu'il me frappa de sa main sur le bras,
et se releva en disant : « *C'est de l'air que je veux...
menez-moi chez Leroy, il m'en donnera.* » Je le fis
rasseoir, puis je lui fis des passes, en lui disant :
« *Je vais vous faire de l'air.* » Un instant après, il
relève la tête, me regarde et me dit : « Vous me
magnétisez? — Certainement; cela vous fait-il du
bien? » Réponse : «Oui. » Je continue; lorsqu'il entend, parmi la foule qui nous entourait, quelqu'un
s'écrier : « Il faut aller chercher un médecin; »
alors il se hâta de répondre : « Je n'en veux pas,
je suis médecin moi-même. » Sa raison étant revenue, je lui demandai son adresse; il me dit qu'il
demeurait rue Monsieur-le-Prince; ce qui m'a fait
présumer qu'il était élève en médecine. Le gardien
envoya chercher une voiture, et voulut le prendre
par le bras pour l'aider à marcher sur le trottoir;
mais il le repoussa brutalement. Arrivé à la voiture dans laquelle on l'engageait à monter : « Je
n'en ai pas besoin, dit-il, je me sens bien, j'irai à
pied. » Je fus obligé d'intervenir : « Je veux que
vous montiez! vous êtes bien, cela est vrai, mais
pas assez remis pour faire cette course. » Il y monta
sans rien ajouter de plus, et ce résultat était dû à
l'influence que j'exerçais sur lui.

Ce fait s'est passé il y a quatre ou cinq ans; cent cinquante personnes y assistaient, et chacun disait son mot; moi seul n'entendais rien, et, en réalité, pour agir fructueusement, il faut concentrer son attention et ne pas se préoccuper de choses étrangères à son action.

DEUXIÈME LEÇON

DES CONDITIONS QU'ON DOIT OBSERVER POUR MAGNÉTISER.

Faites placer votre sujet ou votre malade sur un siége commode; que le dossier puisse supporter la tête si elle tombe en arrière, ce qui arrive assez souvent; faites-lui allonger les bras et mettre les mains sur les genoux. Vous vous placerez en face, sur un siége un peu plus élevé, s'il est possible, afin de faciliter vos mouvements; vos genoux seront écartés, sans cependant être trop rapprochés du sujet, pour éviter de l'enclaver dans vos jambes, ce qui ne serait ni gracieux ni décent, et gênerait encore vos mouvements. Évitez toujours tout ce qui peut attirer le sarcasme et le ridicule, que le monde incrédule est toujours prêt à lancer.

Les procédés dont nous allons parler ne sont point employés par tous les magnétiseurs ; plusieurs d'entre eux en ont qui leur sont particuliers, et, quelle que soit la méthode qu'ils suivent, les résultats sont à peu près les mêmes ; d'ailleurs, les procédés doivent être diversifiés selon les circonstances : on est souvent déterminé dans leur choix, non-seulement par le genre de maladie, mais par la commodité, par les convenances, et même par le soin d'éviter tout ce qui pourrait sembler extraordinaire. Ce que je vais dire est donc inutile aux personnes qui ont acquis l'habitude de magnétiser ; qu'elles continuent de suivre la méthode qui leur a réussi à soulager ou à guérir des malades. — J'écris pour ceux qui, ne sachant encore rien, seraient embarrassés pour exercer une faculté dont l'existence n'est pas un doute pour eux ; je vais leur enseigner la manière de magnétiser que j'ai adoptée, d'après les instructions que j'ai reçues, et d'après les observations que j'ai recueillies ou que j'ai faites moi-même à la suite d'une longue pratique.

Lorsqu'un malade désire que vous essayiez de le guérir par le magnétisme (je dis essayer, car, bien qu'on ait guéri un peu de toutes les maladies, on ne guérit pas tous les malades), commencez par lui inspirer de la confiance ; sans cela, pas de réussite. Dites-lui que vous êtes bien résolu de continuer le traitement autant qu'il sera nécessaire ; fixez avec lui l'heure des séances ; faites-lui promettre d'être exact, de ne pas se borner à un essai de quelques jours ; ne vous inquiétez ni de lui, ni de vous, si les effets ne sont pas apparents : d'heureux résultats peuvent néanmoins se produire ; éloignez du malade toutes les personnes qui pourraient vous gêner; ne gardez près de vous que les témoins nécessaires; demandez-leur de ne s'occuper nullement des procédés que vous employez, ni des effets qui en sont la suite, mais de s'unir d'intention avec vous pour faire du bien au malade; arrangez-vous de manière à n'avoir ni trop chaud, ni trop froid, à ce que rien ne vous gêne, et prenez des précautions pour n'être pas interrompu pendant la séance, qui devra durer vingt-cinq à trente minutes, hors les cas extrêmes où l'on est forcé, par suite d'accidents imprévus, de magnétiser plus longtemps. Reposez-vous cinq ou dix minutes pour continuer ensuite; car lorsqu'on est fatigué, la magnétisation est plus nuisible qu'avantageuse; cette fatigue peut se faire sentir sur votre malade et l'énerver; cependant s'il ressentait des douleurs plus fortes, plus vives, ou dans des endroits où il n'en avait pas, dites-lui que c'est bon signe; c'est la nature qui aide. N'oubliez pas l'eau magnétisée; dites-lui d'examiner ses urines, ses garde-robes, etc.; elles doivent éprouver des modifications.

Nous sommes assuré que chacun a certaines parties du corps plus sensibles que certaines autres.

Nous sommes convaincu de l'influence, bien positive, des climats, des températures locales, des températures atmosphériques, des corps vivants ou inertes qui nous environnent, et des dispositions physiques et morales du magnétiseur et du sujet.

Lorsque le sujet s'oppose mentalement à l'action magnétique, et que ses forces morales sont inférieures à celles du magnétiseur, il succombe; mais il est fort rare qu'il n'éprouve pas, par suite de sa résistance, des convulsions qu'il n'est pas toujours facile de calmer promptement; ou s'il ne se laisse pas bien dégager, il peut ressentir, pendant plusieurs jours, un malaise général.

Il n'est pas favorable non plus que la personne qui se soumet au magnétisme désire vivement devenir somnambule: car la préoccupation d'esprit qui naît de ce désir empêche bien souvent le sommeil magnétique de s'établir.

Les meilleures dispositions qu'on puisse présenter sont: l'abandon, la confiance en celui qui doit opérer, l'ignorance des effets qui peuvent être produits et un religieux recueillement.

Pour le magnétiseur : une santé complète, le moral sain, un degré de chaleur plutôt élevé que bas, un grand silence; pour les deux, aucune pensée matérielle; ne s'occuper que de ce qu'on désire produire.

On peut magnétiser par contact, par des passes à distance plus ou moins éloignée, selon la sensibilité des sujets, en donnant un objet magnétisé à tenir, en faisant respirer un quart de verre d'eau magnétisée à cet effet. J'ai produit sur plusieurs sujets, en leur faisant respirer de l'eau magnétisée avec la volonté de faire du chloroforme, les effets qu'il produit, moins les mauvais. — Magnétiser le siége (toujours avec la volonté de les endormir) que vous leur avez destiné.

Il est des personnes qui ne peuvent supporter le toucher; d'autres dont il faut s'éloigner et qui se réveillent aussitôt qu'on leur parle, lorsqu'on les magnétise, et qui passent au sommeil si vous magnétisez une autre personne près d'eux, ou seulement dans la même pièce.

Il m'est arrivé de ne pouvoir endormir une personne, que j'avais l'habitude d'endormir en cinq minutes ; elle n'éprouvait rien au bout d'un quart d'heure. Il y avait huit personnes dans la pièce ; deux personnes, à qui je tournais le dos, se sauvent et quittent la pièce ; ma somnambule dort aussitôt et elle me dit : « Ces deux personnes qui se sauvent prenaient tout le fluide. » Le même effet s'est produit, à cause d'un chat qui vient toujours dans la pièce aussitôt que je magnétise ; il était sur une chaise à côté de ma somnambule, que je ne pouvais endormir. La réflexion me vient que le chat est un obstacle ; je le mets à la porte, et le sommeil arrive de suite, elle est bien endormie ; je suis appelé pour parler à quelqu'un, je sors un instant ; le chat en profite pour rentrer et reprendre sa place sur la chaise ; je rentre cinq minutes après, la somnambule était réveillée, il avait soutiré tout le fluide. — Il y a des personnes qui soutirent le fluide comme une éponge aspire l'eau d'un vase ; les personnes faibles de tempérament et les paralytiques sont de cette nature, ils fatiguent leurs magnétiseurs.

Un monsieur, fort incrédule, est amené par une parente auprès de mon somnambule ; ce monsieur se laisse conduire plutôt pour plaisanter, que sérieusement. Cet homme, fort en apparence, bon vivant, menant joyeuse vie de toute manière, était plus malade qu'il ne le pensait lui-même ; une de ses indispositions était d'avoir l'abdomen qui gonflait démesurément ; ce n'était pas continuel, mais au moment où mon somnambule lui prenait les mains, ce monsieur déboutonna son gilet, puis un bouton, deux boutons, enfin toute la ceinture du pantalon; ce qui l'intriguait, c'était que le somnambule en faisait autant que lui, et nous de rire comme des fous; enfin, ce monsieur qui souffrait allait se fâcher, et demande au somnambule l'explication de sa répétition. Le somnambule se fâche à son tour et lui dit: C'est vous qui êtes la cause de cela; voyez, touchez mon ventre, voyez s'il pourrait tenir dans mon pantalon? Il vérifie : en effet, il était bien forcé d'en agir ainsi. Ce monsieur commence à croire que le somnambulisme est une chose merveilleuse. — Maintenant, dit-il au sujet, donnez-moi le remède. — Non, je ne vous le donnerai pas. — Pourquoi? — D'abord, parce que vous n'y croyez pas et que vous ne le feriez pas. — Qui est-ce qui vous dit cela? — Je le vois bien. — Pourvu que je vous récompense, cela doit vous être égal? — Pas du tout.... vous me donneriez cinq cents francs, que je ne vous le dirais pas. — Si je vous promets de le faire? — Vous promettriez que vous ne tiendriez pas parole; il faudrait d'abord que vous quittiez toutes vos maîtresses, que vous ne buviez plus de vin, de liqueurs, pas de café. — Qu'est-ce qui vous dit que j'ai des maîtresses? — Moi, je le vois bien; je pourrais vous dire le nombre et leurs adresses; vous voyez bien que je suis bien en rapport avec vous; je suis vous dans ce moment. Du reste, j'en ai assez, ça me fait mal de rester comme cela; dégagez-moi le ventre, je vous prie.— Je pose mes mains dessus, on voyait mes mains descendre à

vue d'œil; il se reboutonne et fait voir sa ceinture;
on aurait pu y faire passer un pain de quatre livres;
puis je le réveille.

Sa parente me dit : Il est bien certain qu'il ne
l'aurait pas fait.

La sœur de ce somnambule, nommée Eugénie,
était aussi somnambule chez moi. A la deuxième
magnétisation, elle a pu prédire qu'en la magnétisant quinze jours de suite, à la même heure, pas
une minute de plus ni une minute de moins (sans
cette précaution, ou elle aurait une crise nerveuse,
ou elle serait malade toute la journée : ce qui s'est
vérifié les deux jours suivants), le quinzième jour
elle aurait une crise terrible de rage, de folie, qui
durerait trois heures, puis, après ces trois heures,
elle serait somnambule. Cette déclaration a été faite
à la Société magnétologique, et consignée sur ses
procès-verbaux quinze jours à l'avance. Elle a envoyé vérifier le fait par trois de ses membres. Tout
s'est passé comme le sujet l'avait prévu. Les trois
heures devaient finir à deux heures trente-cinq minutes; à deux heures, dans un moment de repos,
je lui demande : Ce n'est donc pas fini? — Non, dit-
elle, j'aurai encore une crise, puis à deux heures
trente-cinq minutes je tomberai en extase, je
chanterai un cantique et je serai somnambule. A
l'heure indiquée, elle se mit à genoux, les mains
jointes élevées vers le ciel; elle chante, puis elle se
relève en me disant, toute joyeuse : Réveillez-moi,
je serai bonne somnambule pour les maladies, les
voyages, enfin pour ce que vous voudrez. Je l'ai
gardée dix-huit mois; elle a fait de bien belles
choses; elle s'est mariée à un musicien militaire

qui lui a fait faire la campagne de Rome. — Quand elle était en rapport avec une femme enceinte, sa taille prenait la même dimension que celle-ci.

Le fait suivant vient à l'appui de l'opinion émise plus haut : qu'il arrive parfois que le sujet ne présente pas tout d'abord des effets sensibles de magnétisation.

La mère d'une jeune personne de Boulogne vint me raconter que sa fille, alors âgée de dix-huit ans, était tombée, à cinq ans, dans les jambes d'un cheval *qui lui avait labouré tout le corps* (sic), mais principalement une jambe. « Elle a, me dit-elle, une tumeur au genou droit, la jambe est raccourcie de plus de trois pouces, un genou est deux fois plus gros que l'autre et elle ne peut le ployer ; elle souffre à ne plus savoir où se mettre, qu'elle soit debout, assise ou couchée ; enfin, depuis l'âge de treize ans, elle a passé presque toute son existence dans les hôpitaux. Elle a été plusieurs fois dans celui de Beaujon. Je l'avais fait sortir de l'hôpital pour vous la faire voir ; ne vous trouvant pas, j'ai été obligée de la faire rentrer à l'hôpital. Le lendemain, on lui a brûlé la jambe à plusieurs endroits avec des fers rouges, en lui disant que si cela ne réussissait pas, il n'y avait plus d'autre moyen que de lui couper la jambe. »

Je recommandai à la mère de ne pas laisser faire cette opération sans me prévenir. Quatre mois se passèrent sans que j'en entendisse parler ; puis un jour une voiture s'arrêta à ma porte, on m'amenait cette jeune fille. La mère, les larmes aux yeux, me dit : « Vous m'avez recommandé de ne pas laisser couper la jambe à ma fille sans vous prévenir ; elle est bien décidée à aller à la salle des amputa-

tions, elle souffre trop. » — Je gardai donc cette
jeune fille chez moi, et me mis en devoir de la magnétiser tous les jours à la même heure. Elle était
en apparence tout à fait insensible aux effets magnétiques; on aurait perdu son temps à chercher le
sommeil. Je magnétisais donc la jambe, sans qu'elle
éprouvât la plus petite sensation; je finissais par
une magnétisation générale, le tout pendant une
demi-heure; puis je faisais boire de l'eau magnétisée toute la journée et mêlée dans le vin pour les
repas. A la première séance, j'ai mesuré la jambe,
qui marquait au-dessus du genou 39 centimètres et
35 centimètres au-dessous; le genou gauche ne portait que 32 centimètres et 28 centimètres. Au bout
de huit à dix jours, les douleurs avaient cessé;
nous constations chaque semaine une nouvelle diminution. Deux mois après, cette jambe n'était pas
plus forte que l'autre; il ne s'agissait plus que de
rallonger la jambe, de détendre les nerfs, de rétablir la synovie; je magnétisai par frictions de haut
en bas; je faisais agir tout doucement la jambe, la
faisant mettre à genou sur un meuble un peu élevé,
puis un peu plus bas, puis sur un tabouret de pied;
un mois après, de trois pouces qu'elle boitait, il
restait à peine un pouce; et quinze jours après, elle
me dit : « Je ne puis rester davantage (trois mois et
demi), je suis trop désireuse de revoir mon pays et
d'aller à Saint-Cloud avec mes camarades. » Il m'a
été impossible de la garder quinze jours de plus : il
est probable qu'elle n'aurait plus boité du tout. Elle
est mariée maintenant, et la mère et la fille tien-
nent chacune des balances dans le parc de Saint-
Cloud, où l'on peut aller se faire peser et se rensei-

gner. Ce qui l'inquiétait, c'était de savoir comment elle s'habituerait à boire de l'eau non magnétisée.

On avait essayé plusieurs fois de la tromper, en lui disant : « Votre bouteille d'eau est magnétisée ; » après l'avoir goûtée, elle la repoussait et n'en voulait pas boire.

J'avais un serrurier qui travaillait souvent chez moi depuis quinze ans, et ce nombre d'années lui avait donné le droit, sans sortir du respect que je lui inspirais, de prendre plaisir à plaisanter toutes les fois qu'il en trouvait l'occasion. Cela lui arrivait souvent.

Un de mes garçons de peine conduisait un jour une voiture à bras, quand la roue vint à se détacher, et il reçut un coup dans la poitrine. Il rentre et me demande la permission d'aller se coucher et se mettre un cataplasme qu'on venait de lui conseiller. Ce qui le désolait le plus, c'était de rester plusieurs jours sans travailler. Je l'engage à passer près de moi ; je le magnétise 20 minutes, il se sent soulagé ; je magnétise un demi-verre d'eau que je lui fais boire, puis une demi-bouteille d'eau magnétisée, en lui disant d'aller se coucher et de mettre une compresse d'eau magnétisée sur la partie où le timon de la voiture avait porté ; le lendemain, cet homme était arrivé à 6 heures du matin à son travail, me remerciant bien et me disant qu'il ne souffrait plus du tout.

Peu de jours après, l'ouvrier serrurier, nommé Lachambre, vient tout clopinant, ne pouvant respirer, entortillé d'un cataplasme qui lui entourait tout le corps, me demander que je le magnétise ;

il me raconte avec peine, tant il était gêné par une respiration difficile, que montant, avec une charge sur l'épaule, dans un escalier sombre, il s'était jeté sur un boulin de maçon, sortant d'un mur; le contre-coup l'avait renversé, et il était tombé en arrière sur une marche de l'escalier. Il avait perdu connaissance. Le médecin, qui lui avait ordonné le cataplasme, lui avait annoncé qu'il serait au moins quinze jours sans pouvoir travailler.

Après l'avoir écouté, je lui rappelai ses propres paroles : *Le magnétisme, c'est de la bêtise.* Non, je ne vous magnétiserai pas (ce que je n'avais pas envie de faire). Vous me l'avez dit vingt fois; vous vous êtes étonné qu'un homme de mon âge pût croire à de pareilles jongleries, etc...

Ce pauvre garçon, père de famille, était désolé; il me supplia et me répondit : « J'ai eu tort, vous avez guéri comme par enchantement mon pays qui travaillait chez vous; je sais bien que ce que j'ai est beaucoup plus grave que ce qu'il avait ; je souffre dans la poitrine, dans l'estomac ; mais le plus douloureux, c'est entre les deux épaules (*sic*). »

Je le fis asseoir et me mis à le magnétiser par des passes longitudinales de la nuque aux reins. Je n'eus pas répété deux ou trois fois ces passes, qu'il fit des cris qui s'entendaient dans toute la maison, en me demandant ce que je lui arrachais ; je me reculai d'un pied, puis d'un autre ; enfin je me mis à cinq pieds de distance, et, au bout de dix minutes de magnétisation, il pousse un dernier cri en disant : « Je respire, je suis guéri, merci. » Je lui fis des passes générales et à grands courants, pour terminer. J'ai cru que vous m'arrachiez les entrailles avec vos doigts, me fit-il observer. »

— Croirez-vous maintenant au magnétisme? — Oui, je me le rappellerai ; demain j'irai travailler: merci mille fois.

Nous allons parler des personnes qui n'ont pas encore été magnétisées, et qui désirent éprouver les effets magnétiques ou cherchent le somnambulisme. Nous avons décrit plus haut comment doivent être placés le magnétisé et le magnétiseur.

Mettez-vous donc sur un siége un peu plus élevé que celui du sujet, et après un instant de recueillement, les doigts étant posés sur ses genoux, fixez-le du regard pendant deux à cinq minutes; vous élevez le bras sans raideur à la hauteur des sourcils, le bout des doigts à la racine du nez; vous demeurez deux à trois minutes dans cette position, puis descendez lentement à deux pouces environ de la face, puis de là au menton; remontez en élevant le poignet et baissant le bout des doigts, pour faire une espèce de bascule de votre main. Votre volonté doit faire le même effet, c'est-à-dire que vous soutenez votre volonté tout le temps que vous descendez votre passe, et que vous l'abandonnez en remontant : on ne doit jamais magnétiser en remontant que dans des cas rares et exceptionnels.

Vous recommencerez ces passes cinq ou six fois, toujours en vous arrêtant un peu en haut; puis, avec vos deux mains, vous entourerez la tête de fluide; ensuite, vos doigts réunis en pointe et placés devant le conduit auditif, vous aurez la volonté d'isoler votre sujet de tout bruit extérieur. Nous verrons plus loin quels cas font exception à la règle que nous venons d'indiquer. Vous recommencez les passes; vous les descendez jusqu'à l'épigastre plusieurs fois; vous portez votre main (quelquefois les deux) sur le dessus du front, sur le sommet de la tête, à un pouce de distance, en évitant ordinairement de la poser sur le crâne, les sujets ayant plus ou moins besoin d'avoir la tête chargée. Si vous voyez peu d'effets se produire, vous pouvez laisser vos doigts devant l'épigastre; c'est un grand centre nerveux, dont les ramifications aident à faire remonter le fluide au cerveau; et c'est au cerveau que se produisent les effets du sommeil et du somnambulisme. Il faut également laisser sa main en pointe, à une très-petite distance de la racine du nez.

Si après vingt à vingt-cinq minutes vous n'avez pas trouvé le sommeil, vous devez remettre à un autre jour assez rapproché de la première séance, afin de ne pas perdre l'influence que cette séance vous a donnée. Ne quittez pas brusquement votre sujet; faites des passes successives de la tête à l'abdomen, des cuisses au bas des jambes, et même jusqu'aux pieds; puis des passes que les magnétiseurs appellent *à grand courant*, c'est-à-dire directement de la tête aux pieds; faites vivement des passes transversales à huit à dix pouces de la tête et devant toute la surface du corps; ces passes se font en présentant les deux mains rapprochées et en les écartant brusquement l'une de l'autre, comme pour enlever la surabondance de fluide dont le sujet ou le malade pourrait être chargé. Plusieurs magnétiseurs secouent légèrement leurs doigts après chaque passe dégageante : ce procédé, qui n'est jamais nuisible, est avantageux dans certains cas ; il est bon d'en prendre l'habitude. Si ces procédés ne suffisent pas pour débarrasser la tête, ajoutez ceux indiqués plus haut pour la migraine.

Enfin, il est un procédé par où l'on peut terminer une magnétisation. Il consiste à se placer à côté de la personne, qui se tient debout, et à faire, à un pied de distance avec les deux mains, dont l'une est devant le corps et l'autre derrière le dos, sept ou huit passes, en commençant au-dessus de la tête et en descendant jusqu'à l'estomac, le long duquel on écarte les mains ; ce procédé dégage la tête, rétablit l'équilibre.

Pour faire des passes, il ne faut employer d'autre force musculaire que celle qui est indispensable ; pour soutenir la main, on doit mettre de l'aisance dans ses mouvements ; les doigts de la main doivent être un peu écartés les uns des autres et légèrement courbés, de manière que les bouts des doigts soient dirigés vers celui qu'on magnétise.

TROISIÈME LEÇON

DES EFFETS DU MAGNÉTISME.

Les phénomènes que présentent les personnes soumises à l'action magnétique sont très-variés et très-nombreux. Ceux qui se présentent le plus communément sont de fréquents clignotements, une pâleur spontanée ou une rougeur subite, un sentiment de chaleur ou de froid à la tête, à l'épigastre ou aux extrémités; un picotement général ou partiel très-prononcé, surtout aux extrémités des membres, un léger fourmillement dans les intestins, des contractions musculaires, des spasmes, une accélération ou un ralentissement de la circulation, des palpitations violentes, des borborygmes, des pandiculations, le réveil d'anciennes douleurs, un état de calme et de bien-être indicibles; ou bien, au contraire, un sentiment de malaise et de brisement général, une somnolence plus ou moins grande, analogue au coma, un sommeil plus ou moins profond.

Comme nous l'avons dit, ces effets ne s'obtiennent point également sur toutes les personnes : il en est qui se sont soumises durant des heures entières à l'action de magnétiseurs très-puissants et qui n'ont rien éprouvé d'appréciable, et certains individus ressentent des effets tout différents de ceux qui se manifestent sur certains autres. Quelques-uns sont doués d'une sensibilité étonnante, d'autres sont fort peu impressionnables; cependant on peut se convaincre aisément que les mêmes personnes qui, dans l'état de parfaite santé, n'auraient rien ressenti de l'action du magnétisme, peuvent être mises en crise très-aisément, lorsqu'elles sont atteintes de quelque maladie.

Les gens robustes et se portant réellement bien, qui se soumettent à l'action magnétique, sont en général d'autant moins disposés à éprouver des effets. Nous avons observé que les personnes les plus impressionnables à l'action magnétique, sont celles dont la santé est au moins chancelante; et nous ne craignons pas d'avancer que tout individu qui éprouve facilement de grands effets magétiques, ne jouit point d'une santé parfaite. Si ces personnes éprouvent des effets très-remarquables, c'est que la nature a besoin d'être secondée pour rétablir ou régulariser une harmonie qui fait défaut. Remarquons que, parmi les gens les plus forts en apparence, il s'en trouve beaucoup qui portent en eux le germe de quelque maladie; les épileptiques, ceux qui ont des crises nerveuses périodiques, ont souvent l'apparence de la santé; il faut les connaître pour les croire malades.

Me trouvant un jour en visite dans une maison, le maître me pria de magnétiser une dame qui se trouvait chez lui. Cette dame, forte, paraissant très-bien portante, j'avais envie de reculer; j'étais chez un incrédule de premier ordre, et presque persuadé de ne pas rencontrer d'effets apparents; enfin je me décidai. Les premières passes ne produisirent rien, mais au bout de deux minutes, je vis des contractions musculaires qui m'annonçaient une crise pouvant devenir forte; la prudence me fit m'arrêter; je la calmai et la dégageai.

Cette dame me dit : vous avez eu tort de cesser, je sens que cela m'aurait fait du bien. Je lui offris de recommencer, elle accepta, et en peu de temps elle eût une crise qui dura une demi-heure; je laissai cette crise atteindre son apogée, en la soutenant de ma volonté et de quelques passes à grand courant. Revenue à elle et bien dégagée, elle me dit : « Je suis très-bien, il est fâcheux que nous demeurions si loin l'un de l'autre (elle demeurait Porte-Saint-Martin et moi près la Madeleine), je vous prierais de me donner souvent de ces crises-là, elles me guériraient de cette infâme maladie. » Elle ne se trompait pas; le magnétisme peut guérir neuf sur dix épileptiques.

Tous les magnétiseurs savent que la catalepsie artificielle est très-facile à produire sur certains individus qui ont déjà dormi du sommeil magnétique; mais on peut encore en rencontrer qui ne montrent pas de dispositions au sommeil et sur lesquels on obtient nonobstant les phénomènes de catalepsie.

Il en est de même pour les phénomènes d'attraction; les sujets sont nombreux; il suffit souvent de quelques passes à l'épigastre, pour les attirer en avant, et de même le long de l'épine dorsale, pour les attirer en arrière. Il est à remarquer que, plus on s'éloigne, plus la force attractive est grande; en s'éloignant, on doit baisser la main en la mettant à terre lorsqu'on se trouve à une grande distance, le fluide rayonnant ayant toujours une tendance à monter. S'il y a faiblesse dans les jambes, ou si le sujet met de la résistance, il pourrait arriver un tremblement, qu'il faudrait arrêter afin d'éviter une chute; soutenez votre volonté, et il viendra tomber dans vos bras, comme on attire l'aiguille sur le fer aimanté; il y a des personnes si impressionnables à l'attraction, que l'on peut les attirer au travers d'un mur, d'une cloison, les y laisser placés comme s'ils étaient crucifiés; on peut encore les mettre le dos tourné et adossés à quatre, cinq ou six personnes; ils sont susceptibles de les déplacer, le magnétiseur attirant son sujet par l'attraction en s'éloignant du groupe. On peut, en magnétisant le dossier et le siége d'une chaise, avec la volonté de les y attacher, les faire asseoir dessus, ils ne peuvent plus se relever.

' On rencontre encore quelquefois, à la première magnétisation sur des sujets nouveaux, la paralysie momentanée, partielle ou générale; assez souvent, de la langue ou de la mâchoire : ce phénomène se présente souvent en cherchant le sommeil; car, pour arriver à ce résultat, vous chargez nécessairement la tête, le fluide arrive en trop grande abondance sur ces parties et les engourdit. Il vous suffira dans ce cas de faire quelques passes transversales devant la bouche, de *dégager* par quelques frictions légères toute la mâchoire (à partir de l'os maxillaire) pour faire cesser cet état.

Les personnes sensibles à l'attraction le sont de même à la répulsion; par une volonté contraire à la première, bien entendu, elles peuvent être repoussées. Un jour, dans un mouvement de mauvaise humeur, j'ai repoussé à distance par un geste brusque un de mes sujets ; il est tombé à la renverse comme frappé d'un coup de foudre.

Ce fait m'en rappelle un autre. J'ai connu deux sœurs, dont l'une incrédule et l'autre qui avait déjà éprouvé de très-bons effets du magnétisme au moyen duquel elle avait été traitée ; elle avait donc tout lieu d'y croire, et, étant atteinte d'une migraine, elle pria un magnétiseur qui se trouvait là, de lui ôter ce qui la faisait souffrir ; ce dernier se met en devoir de lui être agréable : il souffle sur la tête, puis sur le front, en mettant la main pour garantir la figure, fait des passes descendantes de la tête à l'épigastre et de l'épigastre aux pieds ; il pose les mains cinq minutes sur les genoux, avec la volonté de débarrasser la tête, et termine par des passes à grands courants de la tête aux pieds : la migraine était partie, et le magnétiseur au comble de la joie de l'avoir enlevée. Mais la sœur qui avait regardé avec sang-froid toute cette scène, se mit à partir d'un violent éclat de rire en plaisantant le magnétiseur. Le rouge monte au visage de ce dernier; la jeune personne était en face de lui, il lui lance la main avec force et colère au-dessus de la tête en lui disant : «Je voudrais que le mal que je viens de retirer retombe sur votre tête. » Elle venait d'être frappée et porta la main à son front en pleurant à chaudes larmes.

Cet effet, produit par la colère, ne serait-il pas l'explication de ces sorts jetés par des gens que l'on rencontre dans nos campagnes et qui agissent sur des esprits faibles ? Ils agissent d'autant plus facilement qu'ils sont désignés, qu'on les craint, que leur force magnétique est augmentée par le succès de leur pratique blâmable ; d'autres, et ceux-là sont heureusement en plus grand nombre, ont le pouvoir et la vertu qu'ils disent tenir d'en haut, ou dont ils ont hérité de père en fils, de guérir les foulures, les entorses, les écrouelles et autres maux, sur des êtres humains ou des animaux. Souvent on vient les trouver de bien loin, presque tous font des prières, des croix, disent des mots cabalistiques et guérissent dans beaucoup de cas ; ceux-là ne savent pas non plus qu'ils font du magnétisme ; tous les jours nous guérissons des foulures fraîches en une seule magnétisation.

Un de mes parents, qui fait travailler dans la prison de Poissy, m'adresse, par un mot, un brave homme, voiturier de Poissy qui, amené par sa voiture à ma porte, avait le pied foulé ; il eût beaucoup de peine à venir de sa voiture chez moi, à cinquante pas de la rue ; je le magnétise environ vingt à vingt-cinq minutes ; je m'informe ensuite comment il compte retourner à Poissy ; j'ai laissé ma voiture en face, me dit-il. Mon homme se relève, s'appuie sur ses deux jambes, tout étonné de ne plus souffrir beaucoup ; je lui recommande de ne pas trop fatiguer la jambe malade ; il me répond qu'il a beaucoup de paille dans sa voiture, et qu'il mettra sa jambe dessus ; deux jours après, il est venu à pied, de Poissy, me remercier, me racontant qu'étant sorti après la magnétisation, il n'avait plus trouvé sa voiture ; qu'un de ses amis, ayant vu sa voiture seule et ayant attendu assez longtemps, l'avait emmenée, et que lui n'avait pu le rattraper qu'à la barrière de l'Étoile, allant à pied depuis la Madeleine.

En allant à Sèvres, j'étais dans une voiture publique, ayant en face de moi une dame qui tenait sur ses genoux un enfant de quatre ans. Cet enfant, d'un tempérament lymphatique, avait les yeux injectés de sang et d'humeur, et ne pouvait regarder la lumière; cette dame racontait qu'on avait vu tous les médecins de Saint-Cloud et de Sèvres, où elle demeurait; qu'elle avait consulté plusieurs médecins de Paris, et qu'elle venait encore d'en voir un. Son enfant avait une rétention d'urine; un médecin disait qu'il avait la pierre, qu'il fallait le sonder; un autre lui avait fait mettre trois vésicatoires, etc. Il y avait longtemps qu'il était ainsi, et l'on conseillait à la mère de le mettre aux Enfants-Jésus : celle-ci ne pouvait s'y décider, malgré l'argent qu'il lui coûtait. Un rayon de soleil qui donnait sur l'enfant et qui l'incommodait beaucoup, fit changer cette femme de place; elle vint se mettre à côté de moi. C'est alors que je pus lui dire : je pourrais vous donner un moyen de guérir votre enfant sans que cela vous coûte rien. Elle m'en demanda la recette. — Je ne puis vous la donner dans une voiture, venez chez moi, et je lui remis mon adresse. Elle m'apprit qu'elle n'était que la tante de l'enfant, et qu'elle le dirait à la mère. Le lendemain la mère et l'enfant arrivèrent. Je vis une femme fraîche et bien portante, paraissant intelligente. (Cette femme était maîtresse blanchisseuse à Saint-Cloud.) Je vais vous montrer à magnétiser votre enfant, lui dis-je, à la condition que vous ne direz à personne ce que vous faites; des imbéciles, des niais prétendraient que ce sont des bêtises, et vous ôteraient toute votre puissance magnétique; me promettez-vous de le faire sans rien dire? Elle me le promit. Je magnétisai son enfant pendant un quart d'heure; je pris un quart de verre d'eau, que je magnétisai et je donnai à boire au malade; j'engageai sa mère à en faire autant soir et matin. Elle me le promit bien et s'en alla.

Six semaines après, une malade vient de sa part se recommander à moi, en me disant que l'enfant se portait très-bien, qu'il avait les yeux bien clairs et le teint bien rose. J'aurais voulu le voir; je demandai son adresse, et le lendemain je partis avec une de mes filles pour visiter l'enfant; arrivé à Saint-Cloud, je demande à l'adresse indiquée si c'est bien là que demeurait un enfant qui avait mal aux yeux? On me répond oui; il court avec de petits camarades; on envoie deux blanchisseuses à sa recherche, enfin on me l'amène; en effet, il était devenu bel enfant. Ce qui m'étonnait, c'était de ne pas voir venir la mère, et je voyais qu'on se demandait: Quel est donc ce Monsieur qui s'intéresse tant à ce petit? Enfin je l'aperçus; elle avait la jambe nue enveloppée d'un linge, et se traînait pour se diriger de mon côté. — Qu'avez-vous? lui dis-je. — Je me suis foulé le pied hier et je souffre beaucoup, sans cela je serais accourue pour vous remercier. Je lui demandai pourquoi elle n'avait pas dit à son mari de lui magnétiser le pied? — Mais, Monsieur, me répondit-elle, vous m'aviez fait promettre de ne dire à personne le moyen que vous m'aviez enseigné, je ne l'avais pas même dit à mon mari. Je fus ravi de cette discrétion. —

Très-bien, je vais montrer maintenant à votre mari à vous magnétiser pour votre foulure; ce que je fis pendant cinq minutes : imposition des mains, légères frictions, quelques passes; en disant au mari (fils de Pierre Sevin, blanchisseur à Saint-Cloud, rue du Nord, 9): Vous ferez cela pendant un quart d'heure, ce soir avant de vous mettre au lit, puis encore demain si les douleurs persistent. Le lendemain, cette dame est venue à Paris et me dit : « Mon mari n'a pas eu besoin de me magnétiser, dès le soir je me suis très-bien trouvée. »

Madame X..... blanchisseuse à Boulogne, route de la Reine, parente de M. Raffard, ayant été très-malade, fut transportée sans connaissance à l'hôpital Saint-Louis, et y resta huit mois. Sa santé était à peu près rétablie, mais une seule chose la désolait; c'était que son bras droit était resté étique, et on était obligé de le maintenir contre sa poitrine avec un mouchoir; elle demanda au médecin ce qu'il pensait de son bras. — Il lui fut répondu : Qu'elle pouvait s'en aller quand elle voudrait, et que jamais elle ne se servirait de son bras. Elle le dit à sa mère qui la fit revenir à la maison.

M. Raffard était mon blanchisseur; il savait que je m'occupais de magnétisme, et conseilla à sa mère de me l'amener, ce qu'elle fit ; nous convenons que, ne pouvant venir que deux fois par semaine par la voiture de mon blanchisseur, je magnétiserais le bras ces jours-là. Je montrai à la mère, femme forte et intelligente, à magnétiser les autres jours. Quinze jours après, les doigts purent remuer un peu : Du courage, disais-je à la mère, nous en viendrons à bout; en effet, trois mois après elle put reprendre son ouvrage.

Je l'ai vue, l'année suivante : elle portait un enfant de deux ans et demi sur ce même bras, et me fit remarquer en riant : « *Qu'elle était plus forte de celui-là que de l'autre.* »

Un membre de la Société philanthropico-magnétique avait été chargé de magnétiser une jeune fille de vingt et un ans, à la prière de sa pauvre mère, sage-femme à La Chapelle, près Paris ; le médecin de l'endroit avait abandonné la malade, la considérant comme poitrinaire au dernier degré ; la mère qui avait quelques connaissances médicales, ne doutait pas de la perte très-prochaine de son enfant, et c'est alors qu'elle eut recours au magnétisme ; un médecin de notre société fut chargé d'aller visiter la malade. Il la trouva dans un état désespéré ; elle ne pouvait rien prendre, rien ne pouvait passer. Le lendemain, j'étais présent à la magnétisation, la mère me dit bas à l'oreille : « Ce bon M. Delacour (le magnétiseur) perd son temps, il ne la sauvera pas. » Le magnétiseur entendit ces derniers mots. « Si, je la sauverai, dit-il, » et il continua de magnétiser ; puis il demanda du lait chaud sucré, le magnétisa et en donna à boire quelques gouttes, qui passèrent et ne furent pas rejetées, au grand étonnement de la mère. Il fit boire le lendemain du bouillon magnétisé ; enfin, quinze jours après, elle mangeait une petite côtelette. Après trois mois de magnétisation, elle put aller à l'église remercier le Créateur de la puissance qu'il a donnée à l'homme d'être utile à ses semblables.

Je n'omettrai point ici une particularité : le père de la jeune fille est employé sur le port ; il était si heureux, que tous les hommes du port assistaient à a messe de la ressuscitée, disait-il. A la sortie, il fallut boire *des canons* (*sic*), toujours en l'honneur de l'heureux résultat, et le brave homme n'ayant plu. de jambes pour rentrer chez lui, il fallut le port.r.

Six mois après, la fille était grasse et bien portante.

DU MAGNÉTISME SUR DES ANIMAUX.

Les animaux de toute espèce sont susceptibles aussi d'être magnétisés, et d'en éprouver de très-bons résultats. Je dirai même que les effets doivent être plus prompts, par la raison qu'ils n'opposent à notre action aucune espèce de résistance, de volonté, de désir soit en bien soit en mal. D'heureux résultats ont déjà été obtenus, et s'ils n'ont pas été plus nombreux, c'est à cause du peu de tentatives qui ont été faites, ou de la publicité qui a manqué. On peut produire sur eux l'insensibilité. Un magnétiseur, dont je tairai le nom, a eu la cruauté (dans une séance publique, pour prouver l'insensibilité, qui était réelle) de couper les quatre pattes d'un chat. L'animal n'a pas bougé pendant l'opération; mais après... il fallut nécessairement lui ôter la vie.

TRAITEMENT MAGNÉTIQUE D'UNE VACHE.

Les curieux détails qui suivent sont adressés au docteur Elliotson, par une spirituelle Américaine bien connue en France, miss Martineau.

L'aimable écrivain raconte, avec tout le charme qu'on lui connaît, comment sa pauvre Alsie (c'est le nom de la vache) s'est trouvée subitement prise d'un mal si violent, que le vétérinaire appelé, après l'avoir saignée et lui avoir administré les remèdes les plus énergiques, à la seconde visite faite le soir même, déclara la bête perdue sans ressource, et hors d'état d'aller jusqu'au lendemain. Alsie mourante, les yeux ternes et humides, les naseaux secs, la bouche et la gorge en feu, les membres agités de mouvements convulsifs, la respiration éteinte, et, malgré la fièvre ardente qui la dévorait, toute couverte d'une sueur froide et visqueuse, Alsie, à dix heures, était étendue sur la litière, attendant le dernier soupir. Miss Martineau songe au magnétisme, et presque honteuse, mais emportée par le désir de sauver une bête à laquelle elle portait une affection particulière, elle ordonne à l'un des garçons de ferme, dont elle avait magnétisé l'enfant quelques jours auparavant, de magnétiser Alsie, en répétant sous sa direction les passes et les attouchements qu'elle lui indique.

Elle savait, par expérience, que les chats sont plus sensibles à l'action magnétique ; elle avait vu Sullivan l'employer avec succès pour l'éducation des chevaux vicieux, et Catlin, qui l'avait appris des Indiens, s'en servit pour prendre des buffles. A minuit, l'expérience commença par des passes longitudinales sur l'épine dorsale de la tête à la queue, auxquelles succédèrent des passes transver; sales sur la poitrine. En quelques minutes un mieux marqué se manifeste, la respiration devient plus aisée, le regard meilleur, la bouche humide ; la vache s'endort sous l'action bienfaisante du fluide, et, le lendemain, le vétérinaire n'en peut croire ses yeux en la retrouvant vivante. Cependant une nouvelle crise se déclare : en apprenant la rechute, miss Martineau prescrit le même traitement, et Alsic, définitivement guérie, se relève gaie et bien portante pour s'en aller aux champs.

MAGNÉTISATION D'UN CHEVAL.

M. Letur, membre de la Société philanthropico-magnétique, allant voir M. Withney, membre nouveau de cette même société, le trouva très-embarrassé ; il était à son écurie près d'un cheval anglais pure race ; ce cheval était près de tomber : il tremblait de tous ses membres, et, comme il n'y avait pas de paille sous lui, on craignait qu'il ne se couronnât ; les oreilles étaient froides et ses flancs battaient. Il demande à M. Withney si la pensée ne lui était pas venue de le magnétiser ? — Non, je suis encore novice, et je doute de moi. — M. Letur se mit à l'œuvre ; il lui fit une imposition des deux mains, l'une placée sur la colonne vertébrale et l'autre sous le ventre ; au bout de dix minutes, le tremblement cessa. Pendant dix autres minutes, il lui fit des passes à longs courants du garrot à la croupe, en suivant la colonne, puis de chaque côté des flancs, et après vingt minutes les oreilles étaient redevenues chaudes et l'on pût le promener : il était dans son état normal, à la grande satisfaction de son maître.

EFFETS DU MAGNÉTISME SUR LES VÉGÉTAUX.

Nous avons vu que l'homme peut agir magnéti-
quement sur l'homme, sur les animaux et sur sa
propre organisation ; ainsi, il lui est donné d'é-
mettre, de transposer, d'échanger, d'absorber, de
diriger les fluides nerveux de bonne ou de mauvaise nature ; d'agir en bien ou en mal, suivant ses
intentions ; de réparer ses propres forces aux dépens de son semblable ou de certains animaux, etc.;
mais là ne se borne point sa puissance ; tous les
magnétiseurs savent que les végétaux, comme les
animaux, peuvent éprouver de la part du magnétisme de l'homme des influences salutaires ou fu-
nestes, selon l'intention de la volonté agissante.
Nous n'avons pas été à même de faire, sur les végétaux, autant d'expériences que nous aurions désiré ;
néanmoins, nous avons magnétisé plusieurs arbus-
tes, dans le but de changer leur disposition, et
nous y avons réussi complétement ; c'est au point
qu'un arbuste chétif, dans un état de dépérissement
extrême, magnétisé chaque jour, matin et soir (de
dix à quinze minutes de haut en bas, puis le pied
de l'arbre pour les racines ; si c'est un arbuste en
pot, l'arroser avec de l'eau magnétisée ; cela réussit très-bien pour les boutures et les semis), est
devenu d'une beauté et d'une force remarquables
en moins d'un mois ; tandis qu'au contraire un
autre arbuste de la même famille, d'une admirable
végétation, placé dans les mêmes conditions que
le premier, dans les mêmes conditions de terrain,

de soins, etc., et magnétisé le même laps de temps
avec une intention contraire, se dépouilla petit à
petit de ses feuilles, perdit sa verdure et devint tout
à fait exténué.

APPLICATION DU MAGNÉTISME AUX VÉGÉTAUX

Par M. Picard, médecin-dentiste, à St-Quentin.

« Frappé de l'unité du principe vital chez tous
« les êtres organisés, auxquels revenaient sans
« cesse mes somnambules passées à l'état d'extase,
« je résolus de faire l'application du magnétisme
« animal sur les végétaux et d'étudier ses effets.

« Quoiqu'ayant très-peu de confiance, je me
« décidai à expérimenter sur des greffes; voici ce
« qu'il en advint :

« Le 5 avril, je greffai en fente six rosiers sur
« six beaux et vigoureux églantiers; je les avais
« choisis au même point de végétation, ce qui
« m'était facile, en ayant planté quinze cents en
« octobre. J'en abandonnai cinq à leur marche
« naturelle, et je magnétisai le sixième (un rosier
« de la reine) matin et soir, environ cinq minutes
« seulement. Le 10, le magnétisé, que je désigne-
« rai sous le n° 1, avait déjà développé deux jets
« d'un centimètre de long; et, le 20, les cinq
« autres entraient à peine en végétation. — Au
« 10 mai, le n° 1 avait deux beaux jets de qua-
« rante centimètres de haut, surmontés de dix
« boutons; les autres avaient de cinq à six centi-
« mètres, et les boutons étaient loin de paraître.

« Enfin le n° 1 fleurit le 20 mai, et donna succes-
« sivement dix belles roses; ses feuilles avaient
« environ le double d'étendue de celles des autres
« rosiers. Voici leur mesure : 18 centimètres de
« longueur à partir de la tige à l'extrémité de la
« foliole terminale, qui avait 8 centimètres de
« longueur sur 6 de largeur. — Je le rabattis
« aussitôt la fleur passée, et en juillet il avait
« acquis 42 centimètres, et me donnait, le 25,
« huit nouvelles roses; je le rabattis de nouveau
« à 15 centimètres, et aujourd'hui, 26 août, il
« forme une belle tête par douze rameaux flori-
« fères de 64 centimètres de haut. Ainsi, cette
« greffe faite le 5 avril, ayant donné en deux fleu-
« raisons dix-huit belles roses, est encore sur le
« point de fleurir une troisième fois; et des ra-
« meaux que j'ai rabattus j'ai tiré trente-huit
« écussons, dont plusieurs ont donné des fleurs
« depuis trois semaines; tandis que les cinq
« autres n'ont fleuri qu'à la fin de juin, et leurs
« rameaux n'avaient acquis que 15 à 20 centimè-
« tres ; un seul en avait acquis 20.

« Encouragé par ces essais, faits dans le doute,
« et voulant expérimenter d'une manière plus pré-
« cise et plus concluante, je posai, le 14 mai, trois
« écussons de la rose Dévoniensis. Je les désignai
« par les n°s 1, 2 et 3. Le n° 1 fut de suite ma-
« gnétisé et j'abandonnai les deux autres à la
« nature. Le 10 juin, le n° 1 avait un seul rameau
« de 33 centimètres et trois boutons. Le n° 2 avait
« 2 centimètres, et le n° 3 en avait 3.

« Je changeai alors de méthode et magnétisai
« les n°s 1 et 3 pour les arrêter, le n° 2 pour le

« faire partir. Au 20 juillet, le n° 1 était resté à
« 33 centimètres ; deux boutons avaient avorté, et
« le troisième avait donné une chétive rose pres-
« que simple ; le n° 2 avait deux beaux jets de
« 66 centimètres, surmontés de trente-deux bou-
« tons ; le n° 3 avait seulement 4 centimètres, et
« ses feuilles avaient à peine 3 centimètres de
« longueur de la tige à l'extrémité de la foliole
« terminale ; cette dernière n'avait qu'un centi-
« mètre.

« Le n° 2 avait, le 25 juillet, une belle rose de
« 12 centimètres de diamètre, bien double, bien
« pleine ; les pétales étaient presque aussi épais
« que ceux d'un camélia. Tous ceux qui l'ont vu
« l'ont admiré ; le 14 août, il y avait quinze roses
« ouvertes : la plus petite avait huit centimètres
« de diamètre. Les trente-deux boutons ont par-
« faitement fleuri.

« Outre ceux désignés, j'ai magnétisé assez bon
« nombre de sujets sans y mettre beaucoup de
« suite, et tous sont bien supérieurs aux autres
« par leur belle végétation et leur floraison.

« Enfin je voulus pousser à l'extrême et savoir
« si je pourrais agir seulement sur une partie d'un
« végétal ; à cet effet, sur un beau pêcher de grosse
« mignonne en espalier, je choisis un rameau du
« centre sur lequel il y avait trois pêches ; je les
« magnétisai tous les jours pendant environ cinq
« minutes, et au bout de quelques jours seulement
« ces trois pêches se faisaient déjà remarquer par
« leur volume. Je continuai, et, le 24 août, je
« cueillis ces trois pêches en parfait état de matu-
« rité ; elles avaient 24, 22 et 21 centimètres de

« circonférence, grosseur que presque jamais cette
« espèce de pêche n'atteint dans notre pays froid
« et retardataire ; les feuilles de ce rameau étaient
« sensiblement plus épaisses que les autres, et
« leurs nervures avaient le double de grosseur ;
« le reste du fruit de ce pêcher est d'une belle
« venue ; il est au même point de maturité que ce-
« lui des autres arbres et des autres jardins du
« pays, c'est-à-dire qu'elles ont toutes 14 à 15
« centimètres de circonférence, et que très-pro-
« bablement on n'en cueillera pas avant le 20 ou
« le 25 de septembre, ce qui fait près d'un mois
« d'avance sur le même arbre et sur tous ceux des
« environs.

QUATRIÈME LEÇON

DES EFFETS THÉRAPEUTIQUES DU MAGNÉTISME.

Certes, quand le magnétiseur cherche à se rendre
un compte exact de sa puissance, il est tenté de n'y
pas croire ou d'admettre qu'elle ne saurait avoir
de bornes ; cependant nous sommes tous bien for-
cés de reconnaître, d'une part, la réalité des effets
que nous produisons nous-mêmes, et d'admettre,
d'autre part, que chaque chose a son terme comme
elle a son but ; mais, qui osera poser les bornes du
magnétisme ? Il faudrait, pour cela, savoir où s'arrête le possible.

Les personnes étrangères à la science du magnétisme auront, nous le pensons bien, beaucoup de peine à admettre la réalité des phénomènes dont nous venons de parler; toutefois, les gens raisonnables et de bonne foi pourront désormais vérifier si aisément ces sortes d'effets, que la conviction arrivera bientôt dans leur esprit.

Ne pouvant faire de ce petit cours une méthode de guérir, nous nous bornerons à quelques enseignements.

On peut guérir et on a guéri de toutes les maladies; mais on ne guérit pas tous les malades, on soulage toujours. Un somnambule lucide peut toujours se guérir, lui, dans tous les cas.

Les magnétiseurs qui s'occupent de guérir se servent de plusieurs moyens : les passes, les frictions, les appositions, le massage magnétique; puis les insufflations chaudes ou froides; puis l'eau magnétisée. Avec tous ces moyens, dirigés avec intelligence par un magnétiseur bien portant, on peut, je le répète, guérir des malades qui seraient même abandonnés par la médecine.

On se sert aussi de baguettes d'acier, de baguettes de verre ou cristal pour conducteurs, pour les maux d'yeux, d'oreilles, de dents et douleurs locales; des plaques de verre, d'acier, d'argent, d'or, appliquées soit sur le creux de l'estomac, à la plante des pieds ou sur les douleurs locales.

Les personnes qui n'ont jamais été magnétisées et qui trouveraient à l'eau magnétisée un goût de fadeur, ou ferrugineux, ou sulfureux, etc., peuvent être considérées comme devant être sensibles à l'action directe du magnétisme.

Nous avons remarqué, d'autre part, que les personnes qui, par suite d'affections graves, ont fait un usage immodéré de remèdes violents, tels que l'opium, le mercure, etc., sont en général peu sensibles à l'action du magnétisme. Cependant, en tout état de cause, il ne faudrait pas se laisser décourager, parce que les résultats obtenus sur ces personnes seraient nuls ou peu apparents; le magnétisme étant quelquefois longtemps avant de modifier d'une manière appréciable les organisations malades.

Nous considérons comme très-important de ne pas faire asseoir les malades sur les siéges d'autres personnes malades; aussi devra-t-on toujours dégager le fauteuil ou la chaise sur laquelle se place le sujet; à moins, ce qui vaudrait mieux, de lui en réserver une pour lui seul. — Il est bien entendu que nous ne parlons que des malades en état de se lever.

Les migraines, maux de tête, douleurs et bourdonnements d'oreilles; les fluxions, inflammations, une foule de douleurs; les foulures, contusions, brûlures, angelures, engorgements glanduleux, peuvent se guérir aisément par le magnétisme.

Voici comment nous procédons dans ces différents cas.

Lorsque les migraines sont accidentelles, de fortes passes sur la tête, attaquant directement le centre douloureux; des insufflations chaudes d'abord, pour augmenter la force de la douleur; puis changeant tout à coup de mode d'action, des insufflations froides, en passant les mains sur la tête, et absorbant, pour le dégager, le fluide nerveux superflu ; et enfin, des frictions avec pression sur le crâne, puis des passes à grands courants de la tête aux pieds.

Si les migraines sont périodiques ou d'un genre qui indique qu'elles sont chroniques, il ne faut pas se contenter d'une seule séance, il faut faire un traitement suivi ; l'application de bandeaux de flanelle magnétisés est un utile auxiliaire.

Quand la migraine a son siége dans l'estomac, c'est sur cet organe qu'il faut agir directement. Alors nous magnétisons toute la région épigastrique, et nous faisons quelques frictions douces, en descendant sur les cuisses, puis des cuisses au bas des pieds. Les verres lenticulaires magnétisés et appliqués sur le creux de l'estomac ont presque toujours réussi ; on peut aussi faire prendre un quart de verre d'eau magnétisée ; des morceaux de verre de glace de 11 centimètres sur 7 centimètres et 5 à 6 millimètres environ d'épaisseur, appliqués (après avoir été magnétisés) à la plante des pieds, et la nuit, ont été d'un grand secours pour débarrasser la tête.

Pour combattre les maux de tête ordinaires, nous magnétisons par des passes à grands courants, en entraînant vers les extrémités le sang, qui en est le plus souvent la cause unique ; des insufflations froides sur le sommet de la tête ; les mains posées sur les genoux pendant cinq à six minutes, avec une forte volonté de faire descendre le sang ; ces procédés m'ont souvent réussi.

Pour les cas de bourdonnements et de douleurs d'oreilles, nous plaçons nos doigts, réunis en pointes, à l'orifice du conduit auditif, et après avoir émis une certaine quantité de fluide, nous avons soin de bien dégager; ensuite nous nous servons aussi avec succès, au lieu de nos doigts, d'une baguette conductrice du fluide. Les tampons de coton, fortement magnétisés et placés dans l'oreille, sont encore d'un effet puissant.

Pour combattre les fluxions et les inflammations, nous magnétisons à grands courants vers la partie malade, et nous cherchons à absorber le plus possible de calorique, afin de dégager le patient et de rétablir, par ce moyen, la circulation harmonique des divers fluides. Des compresses imbibées d'eau froide magnétisée nous ont souvent aidé à guérir. Nous avons aussi obtenu de très-bons effets de l'application du coton en rame, magnétisé.

Dans les cas de douleurs internes, de crampes et de contractions musculaires, etc., nous magnétisons par frictions, pressions, massage et passes dégageantes.

Pour les foulures, nous magnétisons par imposition des mains et de légères pressions; légères frictions et passes à petite distance.

Pour les contusions, nous magnétisons par des passes, en imprégnant de fluide la partie meurtrie, puis en absorbant le calorique et en faisant des passes à grands courants. Les insufflations, au travers d'une étoffe pliée plusieurs fois sur la partie meurtrie, nous ont souvent donné d'heureux résultats.

Les engelures se guérissent aisément lorsqu'elles ne sont pas ulcérées, en faisant des insufflations chaudes, des frictions bien douces assez longtemps répétées. S'il y a ulcération, il faut se dispenser des frictions et employer l'eau magnétisée en compresses, principalement la nuit.

Pour les engorgements glanduleux, nous magnétisons d'abord par des passes, ensuite nous faisons des insufflations chaudes à travers un linge, ou flanelle en plusieurs doubles; puis après, des passes pour entraîner, dans la circulation, les humeurs qui peuvent se détacher; ensuite un quart de verre d'eau magnétisée, avec la volonté d'en faire un médicament approprié.

Deux faits somnambuliques feront comprendre aux nouveaux magnétiseurs toute l'importance que l'on doit mettre à faire usage de l'eau magnétisée.

Dans l'épilepsie, cette terrible maladie que la médecine ordinaire ne guérit pas, et que le magnétisme guérirait, sans exagération, quatre-vingts fois sur cent cas, il ne faut pas s'effrayer de la fréquence des crises ; ce signe indique une prochaine guérison : elles durent moins et sont moins fortes.

Le 1er février, un de mes employés qui était somnambule, le nommé A., se trouva indisposé, et le lendemain matin sa femme vint me dire que son mari était très-malade. Je demandai à l'endormir. — Demain, me dit-il, c'est mon jour de sortie. Mais à deux heures on me prévint qu'il n'y pouvait plus tenir, qu'il fallait qu'il se couchât. Je montai l'endormir, il avait la fièvre ; le cou et la gorge étaient enflés, et la bouche très-sèche ; une fois endormi, il me dit :

— Je suis bien malade; j'ai déjà été bien malade, mais pas aussi fortement.

— Qu'est-ce qui serait arrivé?

— Le sang veut s'arrêter : un rhumatisme articulaire, puis une paralysie.

— Ne vous chagrinez pas; vous m'avez dit dans d'autres occasions que, si grave que soit la maladie que vous auriez, je pourrais vous guérir en quarante-huit heures; après-demain, vous serez guéri.

Je demandai un tiers de verre d'eau, je concentrai fortement ma volonté, et magnétisai cette eau avec l'intention d'en faire un médicament approprié; il le but avec peine, par suite de la difficulté d'avaler.

— Qu vez-vous bu?

— De l'émétique.

— Combien?

— Quinze grains.

— Que faudra-t-il faire?

— Faire blanchir de la racine de guimauve, une demi-once, et la remettre bouillir dans un litre d'eau, sucrer par verre, avec une cuillère à café de sirop de groseilles, puis me mettre des verres magnétisés aux pieds.

Le lendemain, 3 février, il arriva en se traînant, il me dit :

Cela va un peu mieux, j'ai encore de la fièvre; voyez mes lèvres. (Il y avait des boutons.) Je n'ai pu supporter les verres toute la nuit; je croyais avoir la plante des pieds écorchée; cela m'a fait transpirer depuis les cuisses jusqu'aux bouts des pieds, j'ai rendu beaucoup de bile.

Endormi, je lui fis un médicament; c'était le

même, mais seulement douze grains d'émétique, puis je fis continuer la même tisane.

— Avant de me coucher, il faudra me mettre les pieds, pendant un quart d'heure, dans un bain de pieds avec un quart de farine de moutarde.

Le lendemain, 4 février, il a repris son ouvrage; il était un peu faible, n'ayant pas mangé depuis trois jours. Je l'ai rendormi, la gorge était encore enflammée; je lui fis son médicament, qui se trouva être de la guimauve assez épaisse; il m'en rendit la moitié.

— C'est fade, dit-il, je ne puis le boire. — Buvez tout, il le faut; ce qu'il fit, en me disant :

— Il faudra continuer la même tisane, sans la groseille, pour la gorge; je n'ai plus de fièvre; demain cela sera fini.

Voici un fait analogue.

Madame M... avait perdu son somnambulisme depuis cinq mois. Le 1er février, me elle demanda de la magnétiser. Je la magnétisai vingt minutes environ : ses yeux se ferment, elle n'entend plus le bruit, ne se rappelle plus son état de veille. Je la laisse reposer, et elle me dit :

— Je guérirai mes glandes parfaitement pour les premiers jours du mois de mai, si je fais bien exactement le traitement que je vois.

— Tu dors donc bien ?

— Je dors, mais je ne vois rien; je prévois... on me le dit bas à l'oreille... mais je suis sûre de guérir. Il faudra que tu me magnétises tous les jours à cinq heures; tu me feras un médicament approprié que tu feras, soit avec une infusion légère de thé ou de tilleul, ou avec un quart de feuille d'amandier, on changera la feuille; cela devra être chaud. Dans la journée, je boirai une tisane composée de réglisse, d'une pincée de salsepareille, et cinq ou six feuilles de chicorée; les deux premiers bouillis, et l'autre infusée. Pas, ou presque pas de laitage, côtelettes, beefteak le matin, un peu de viande à dîner; après, ce que je voudrai; boire le vin sans eau.

J'avais fait préparer une tasse de thé, je la magnétisai avec la volonté d'en faire un médicament approprié au mal.

Le sujet répliqua : C'est une purgation, elle est composée d'aloès; en la prenant à cinq heures, je pourrai dîner à six, en me laissant sous l'influence magnétique dix minutes, un quart d'heure. Tiens! je le sens déjà à mes glandes; ça tire cela, ça me fait mal. Vers minuit je serai obligée de me relever; il faut que je me tienne chaudement; je n'aurai pas de coliques, mais un peu de fièvre froide et un tremblement qui ne sera pas de longue durée. Je me coucherai à neuf heures.

Dans la nuit je me réveillai, c'était madame M... qui descendait du lit. A la lueur d'une veilleuse je regarde, il était minuit. Trois garde-robes se succèdent dans l'espace d'une heure; le lendemain matin, deux autres; et, chaque fois qu'elle retourne à son lit, un tremblement nerveux général a lieu, ne cessant qu'après que la malade s'est réchauffée.

Trois jours se sont passés exactement de la même manière. Elle m'a prévenu que, s'il arrivait qu'elle pût s'endormir, il ne faudrait pas moins lui donner un médicament qui, sous l'influence magnétique, agirait de même. Je lui demandai :

— Est-ce que trois mois de purgation ne fatigueront pas beaucoup trop?

—Non, si je prends des fortifiants, des toniques; et puis, il n'est pas dit qu'il n'y aura pas d'interruption; si l'on voit que cela me fatigue trop, on me donnera autre chose par intervalle.

Je parlerai plus longuement de cette cure à l'article *Somnambulisme*. J'ai seulement voulu faire remarquer l'influence des intermédiaires, eau, etc., magnétisés avec l'intention d'en faire un médicament utile, sans chercher à leur donner un effet arrêté d'avance.

La catalepsie, l'hystérie, la folie, la manie, la mélancolie, l'hypocondrie, l'épilepsie, la danse de Saint-Guy, les paralysies, les syncopes, les spasmes, les coliques, les gastrites, les douleurs rhumatismales, les douleurs de goutte, l'asthme, l'atonie, les engourdissements, les convulsions, les névroses, les névralgies, les maladies scrofuleuses anciennes et invétérées, les hydropisies, les obstructions des viscères, les maladies chroniques, les maux d'estomac, les palpitations, les angines, les chloroses, les hémoptysies, les hémorrhoïdes, les hémorragies opiniâtres, les hémostasies, les hépatalgies, les hépatites, les phlegmasies cutanées, les affections dartreuses, les maladies d'yeux, les surdités, les surdi-mutités, le rachitisme sur de jeunes sujets et une foule d'autres affections graves peuvent être avantageusement traitées par le magnétisme; mais il faut que cela soit dirigé avec beaucoup d'habileté, de puissance, de sagesse et de persévérance. Les bons magnétiseurs manquent même rarement d'obtenir les guérisons radicales de ces maladies, surtout lorsque les malades sont dans des conditions favorables au magnétisme.

Dans les maladies des femmes et dans celles des enfants, le magnétisme est souverain.

Nous devons prévenir les jeunes praticiens, qu'après avoir magnétisé un malade, il est prudent de se dégager entièrement du fluide morbifique qu'on a pu absorber; à cette fin, nous avons l'habitude de nous passer les mains sur le corps et de les secouer ensuite, puis de souffler à froid sur nos mains ou mieux de nous laver les mains avec de l'eau légèrement acidulée.

Un dentiste, membre de la Société depuis quelque temps, avait magnétisé une dame pour des palpitations de cœur, et l'avait guérie : mais lui-même y avait gagné une affection pareille; il en était inconsolable, je le magnétisai. Sa douleur tint trois jours contre des insufflations chaudes, qui avivaient sa souffrance, des insufflations froides, qui le soulageaient, et des passes longitudinales de la poitrine aux cuisses, et des cuisses aux extrémités inférieures; puis, elle changea de place, et se localisa dans l'épaule; enfin, au bout de quatre jours, il était guéri. Il me remercia, donna sa démission, et jura qu'il ne serait plus magnétiseur ; il se borna désormais à arracher des dents : la douleur du patient ne se communique pas au chirurgien dans cette opération.

Nous examinerons, brièvement, les facultés qui naissent et se développent chez certains magnétiseurs : nous voulons dire les sensations exploratives qu'ils éprouvent lorsqu'ils étudient avec soin la maladie.

Les magnétiseurs doués de cette faculté sont susceptibles de reconnaître par eux-mêmes l'affection d'un organe malade ; ils peuvent même arriver à déterminer le genre d'affection et distinguer les maladies consécutives des maladies principales.

Nous ferons observer que les fluides ne sont point tous indifférents : ainsi, les uns semblent avoir une propriété éminemment curative et peu somnifère, d'autres sont narcotiques ; ceux-ci sont calmants, ceux-là sont excitants ; quelques-uns ne sont applicables avec succès que dans certaines affections, quelques autres sont anti-curatifs ; un très-petit nombre réunissent en eux toutes les qualités diverses et produisent admirablement les effets que désire la volonté agissante. — En effet, l'agent magnétique, émis par un magnétiseur d'un tempérament sanguin, ne peut avoir les mêmes effets que ceux d'un tempérament lymphatique, ou bilieux, ou nerveux ; les résultats ne peuvent être les mêmes, d'un magnétiseur nerveux-sanguin, ou d'un bilieux-nerveux, et *vice versâ ;* il y a des nuances à l'infini.

Selon les remarques que j'ai pu faire, et j'ai été à même d'en faire beaucoup, le tempérament qui conviendrait le mieux dans tous les cas, serait le tempérament sanguin-nerveux et nerveux-sanguin. Je dirai aussi, que, si les effets ne sont pas sensibles en apparence, cela tient souvent à ce que les deux tempéraments, du *magnétiseur* et du *magnétisé,* ne sont pas en rapport comme ils devraient l'être. Pour moi, je crois qu'un magnétiseur lymphatique, agissant sur un sujet du même tempérament, produira des effets presque nuls, et un magnétiseur d'un tempérament nerveux, agissant sur un sujet pareil, fera du mal, donnera des crises, et souvent ne sera pas maître de les calmer. Un tempérament nerveux devrait agir sur un sujet lymphatique de préférence. On n'a pas encore été à même d'étudier les divers degrés des tempéraments et la concordance qui devrait exister entre les magnétiseurs et les magnétisés, chose, selon moi, de la plus grande importance pour les cures magnétiques et qui faciliterait la création du somnambulisme, et le rendrait souvent plus parfait.

CINQUIÈME LEÇON

DU SOMNAMBULISME.

Le somnambulisme est bien certainement la crise la plus instructive pour le magnétiseur, en même temps qu'elle est la plus avantageuse pour le magnétisé.

Le livre que j'offre à mes lecteurs n'est point une œuvre de dialectique magnétique. Le titre de savant ne m'appartient donc pas, et, je le répète, ces pages sont plutôt le journal de ma carrière magnétique, qu'une œuvre de professeur. Aussi, sans entrer dans des discussions théoriques, me suis-je borné à faire cconnaître les principales phrases qui constituent le somnambulisme, en citant quelques faits à l'appui de mes opinions.

Pour bien juger de l'état somnambulique, nous allons en faire connaître les degrés, afin que son utilité étant appréciée, on puisse l'utiliser quand il y aura lieu.

Premier degré de somnambulisme. Le sujet, préalablement magnétisé, doit avoir les yeux convulsés (retournés). Il doit être isolé de tout bruit extérieur et n'entendre que son magnétiseur. Il n'a plus connaissance de son état de veille et ne se rappelle plus, une fois endormi, ce qu'il faisait cinq minutes auparavant.

Ma somnambule C... m'a prouvé constamment qu'elle avait oublié tout ce qu'elle avait fait ou vu pendant son état ordinaire. Cette somnambule a été guérie, par moi, d'une maladie qui ne laissait que très-peu d'espoir; la reconnaissance et l'amitié nous ont unis. Trois jours après notre mariage, je l'endormis, et, comme je plaisantais avec elle, ce qui ne m'était jamais arrivé jusqu'alors, elle se fâcha, me disant de ne pas recommencer; — je voulus voir où s'arrêterait cette petite colère, et je lui fis remarquer que je pouvais tout me permettre, puisqu'elle était ma femme. Mais sa mauvaise humeur ne fit qu'augmenter. Sa mère, qui était dans la pièce voisine, pouvait entendre tout ce qui se passait, et n'en pouvait plus de rire, en l'entendant me dire : « Mon Dieu ! que l'on est malheureuse d'avoir des obligations à un homme comme vous ; si j'avais su cela, je ne me serais pas fait magnétiser ; vous abusez de la confiance que mes parents et moi vous avons donnée. — Mais non, lui dis-je, votre mère est de mon avis. — Ce n'est pas vrai, me répondit-elle; si je savais cela, j'aimerais mieux me jeter par la fenêtre. » Elle se leva furieuse, et ne voulut plus rien entendre. Des pleurs et une crise nerveuse allaient en être la conséquence, lorsque je fis des excuses, je cherchai à la calmer et ajoutai : Voyons, soyez raisonnable; tenez, c'est aujourd'hui mercredi, reportez-vous quatre jours en arrière, voyez ce que vous avez fait samedi dernier, dès le matin; voyez bien, je vous en prie. « Oh! je me vois à l'église, à côté de vous, à la chapelle de la Vierge; vous me mettez un anneau au doigt, le prêtre nous unit; mais nous sommes donc mariés? »

Elle me sauta au cou, m'embrassa et me reprocha de l'avoir fait mettre en colère; la joie succédait à la mauvaise humeur.

Le sujet somnambule ne se rappelle plus, une fois réveillé, de ce qu'il a fait et dit pendant le sommeil. Il a la vue *intérieure* et *extérieure;* il peut voir à grandes distances et même au travers des corps opaques, malgré l'occlusion des yeux; il a une extrême sensibilité et peut sentir le mal du malade, le prendre, se l'inoculer, si je puis m'exprimer ainsi, et être le malade. Il a l'intuition des médicaments qu'il lui faut pour se guérir, instinct que le Créateur a d'ailleurs donné aux animaux sauvages et domestiques.

A une réunion des membres de la Société philanthropico-magnétique, un malade, qui avait apporté la fièvre d'Alger, fut mis en rapport avec un de mes somnambules, A., qui a pour habitude de prendre le pouls du malade, de le reporter sur le sien, cela plusieurs fois répétées, jusqu'à ce que les deux pulsations (la sienne et celle du malade) soient semblables. Dans cet état, il se trouve tout à fait en rapport et il éprouve tout ce que le malade éprouve.

Le docteur D. examina, au moment de la mise en rapport, les pulsations du somnambule et celles du malade ; il constata seize pulsations de différence entre eux. Huit à dix minutes après le rapport établi, il déclara que le malade avait perdu cinq pulsations, et que le pouls du somnambule avait monté de onze.

On apporta une mèche de cheveux d'un fou. Mon sujet roula ces cheveux en boule, les tourna dans ses doigts, en reportant sur son poignet le fluide qu'il semblait extraire de ces cheveux ; cette manœuvre répétée plusieurs fois, il s'est inoculé le mal ; alors il s'est passé une scène terrible : mon somnambule semble fou, fou à lier ! il ne veut reconnaître personne ; sa femme était présente, il la rebute avec violence ; je veux m'interposer : « Retirez-vous ! » me dit-il ; il veut me maltraiter et me repousse ; sa figure livide est décomposée ; il paraît souffrir beaucoup. Enfin, à l'aide d'une volonté énergique et absolue, je l'abattis sur sa chaise, comme frappé de la foudre, et il put me dire : « Dégagez-moi ! » Ce que je fis à l'instant ; à moitié dégagé, il déclara qu'il souffrait. On lui demande un remède. « Comment voulez-vous que j'ordonne ? j'ai la tête trop malade ; le remède, je ne le vois pas. » Peu de jours après, le fou pour lequel on avait consulté est mort à la suite d'un accès de fureur.

Ces consultations ne devraient être faites que par des somnambules qui voient le mal, mais ne le prennent pas.

Dans l'état de maladie, on rencontrera beaucoup plus le somnambulisme que dans l'état de santé.

Selon moi, les somnambules ont la possibilité de trouver parmi l'innombrable quantité de végétaux que le Créateur nous a donnés, tout ce qu'il faut pour nous guérir. Les animaux ont l'instinct qui leur fait chercher et trouver la plante qui leur convient et les guérit.

Je me rappelle un beau chien de chasse malade que le vétérinaire soignait sans succès. Un beau jour, ce pauvre animal se mit à courir la campagne; tout en cherchant, il gagna les bois et s'arrêta auprès d'une aristoloche dont il mangea les feuilles, puis le lendemain d'y retourner. Le maître, qui avait remarqué l'absence de son chien, le lendemain, le fit suivre, et il fut convaincu que celui-ci avait trouvé la plante qui devait le guérir. L'année suivante, César fut de nouveau malade ; son maître n'était plus inquiet, il le voyait sortir; il se guérira, pensait-il. Mais il n'en fut pas ainsi : la plante salutaire avait été arrachée. Le chien n'en trouva sans doute pas de pareille, et il mourut.

Les animaux qui vont paître dans nos champs ne mangent pas l'herbe qui leur est nuisible; pourquoi ne voudrait-on pas que le Créateur ait donné à l'homme, doué d'un état particulier, où l'intelligence est développée à un si haut degré, où l'âme, dégagée de la matière, a prouvé tant de belles choses? Pourquoi ne voudrait-on pas croire que

Dieu ait donné à l'homme, dis-je, cent fois, mille fois plus d'intelligence, d'instinct, si l'on veut, qu'à nos animaux domestiques?

Deuxième degré de somnambulisme. Cet état est caractérisé, comme au premier, par l'occlusion des yeux, le sujet ne se rappelle plus à son réveil de ce qu'il a dit et vu, mais il se souvient dans son sommeil magnétique de ce qu'il a vu pendant le temps que dure ce sommeil.

Troisième degré. Le somnambule voit sans être isolé; il entend tout ce qui se passe autour de lui, sans avoir besoin d'être en rapport avec les personnes, de même il peut avoir la sensibilité et l'intuition des remèdes.

Quatrième degré. Caractérisé par toutes les qualités énoncées plus haut, mais le sujet ne ressent pas le mal, il le voit et indique le remède. Des sujets semblables devraient suivre dans leur sommeil un cours d'anatomie.

Une de mes somnambules, que je pouvais laisser sans la surveiller pendant plusieurs mois, était employée dans ma maison; ma présence suffisait pour entretenir le sommeil; elle pouvait rester, sans se fatiguer, les yeux ouverts, mais fixes; son travail était mieux fait, plus vivement et avec beaucoup plus de précision et d'intelligence. Il me vint à l'idée de profiter d'un cours d'anatomie en dix leçons, pour les gens du monde, que faisait alors un docteur, pour y conduire ma somnambule. Ne pouvant pas toujours l'accompagner, elle s'y rendait seule (de la Madeleine à la place Louvois). Le docteur était un de mes amis et avait un plaisir infini à appeler mon sujet à la fin du cours, pour l'interroger sur ce qu'elle avait appris ; il était curieux de la voir toucher toutes les parties du mannequin, que l'on démontait pièce à pièce dans la séance ; elle aurait pu seule le remonter des pieds à la tête et nommer tous les organes de notre machine.

Il serait d'une bien grande utilité que les somnambules pussent suivre des cours pareils dans leur état magnétique, sans qu'on leur fasse rappeler, à leur réveil, ce qu'ils auraient appris.

Cinquième degré. Le somnambule voit, il est isolé, il peut avoir la sensibilité et ne pas posséder l'intuition du remède ; il le cherche, se transporte dans une pharmacie, chez l'herboriste, le trouve, mais n'est pas aussi assuré que le premier. Il y a un instinct, une prévision qui le dirige ; il peut réussir souvent, moins souvent que le précédent.

Je ne parlerai pas des degrés inférieurs et des nuances qui existent entre eux ; je dirai que cela ne dépend pas toujours des sujets, que cela dépend plus souvent de celui qui les forme, et je donnerai l'explication de ce qui précède en parlant des somnambules à expériences.

Certains sujets font des ordonnances qui n'en finissent plus ; vous êtes occupé du matin au soir à préparer votre traitement ; elles vous mettent huit ou dix choses ensemble pour une tisane ; vont chercher, je ne sais où, des substances qu'on a de la peine à trouver et qui coûtent fort cher.

Le somnambule, réellement bon somnambule, est infaillible tant qu'il s'agit de lui-même. On ne négligera donc pas d'employer cette faculté extraordinaire, dont les résultats si étonnants ne sont plus rares aujourd'hui. En voici un exemple :

Madame Briffaut, fille d'un horloger de Versailles, m'avait été amenée tellement malade, que plusieurs fois elle avait voulu se détruire. Cette dame était affectée d'une névralgie dans la tête. L'œil gauche était sorti de son orbite et presque gris ; de l'autre, avec lequel elle voyait peu, la prunelle était placée contre la racine du nez, de manière qu'en marchant sur un trottoir, elle voyait ce trottoir finir en pointe ; en montant un escalier, elle voyait cet escalier se rétrécir et croyait ne pas avoir la possibilité de passer ; lorsqu'une voiture était loin d'elle, elle la croyait sur son dos ; l'effet était contraire lorsque la voiture était près d'elle. Le teint du sujet était d'un jaune livide ; elle était obligée de se faire conduire chaque jour chez moi pour être magnétisée. Après quatre jours de magnétisation et l'emploi d'eau magnétisée qu'elle emportait tous les jours, son état s'améliora, et l'envie de se détruire était partie, quand, à la cinquième magnétisation, elle devint somnambule. Je la fis bien s'examiner, et elle me déclara que le magnétisme seul la guérirait, « mais comme je suis somnambule, ajouta-t-elle, je guérirai plus vite. Il est bien heureux que j'aie quitté le traitement de M. Sichel, qui appelait cette maladie *ambliopie.* Le nerf qui est derrière l'œil serait devenu dur comme du macaroni cru et aurait poussé l'œil en avant, il serait devenu blanc ; toute la partie interne est couverte d'une peau épaisse qui gagnerait le dessus. »

La malade s'ordonna peu de choses durant son traitement ; le somnambulisme a servi à la direction, au régime à suivre; l'eau magnétisée en boisson, en lotions et compresses a été abondamment employée. Puis la magnétisation a complété le tout. Après quinze jours, elle pouvait se rendre seule de la rue Transnonain chez moi, rue Saint-Honoré, près la rue Royale. Je terminais la magnétisation par des passes que je faisais de la racine du nez à l'oreille, en ayant l'intention d'attirer l'œil à sa place. La malade me disait : « Comme vous me prenez le nerf, c'est comme un morceau de gomme élastique qu'on tire et qui retourne à sa place; mais à force de le tirer, il finira par rester où vous voudrez. » Après cinq ou six semaines de magnétisation, madame Briffaut me dit: « Ce qui est bien singulier, c'est que depuis deux jours, à minuit, pour ainsi dire précis, il me prend une transpiration qui traverse tous mes matelas et qui dure deux heures. J'ai envie de mettre sous mon drap une toile cirée pour ne pas les pourrir. »

« — Gardez-vous-en bien, lui répondis-je ; au surplus, je vais vous endormir, et votre somnambulisme vous dira ce qu'il en pense; quant à moi, je regarde cela comme un très-grand bonheur. »

Cette transpiration a duré trente et quelques jours.

Trois mois environ ont suffi pour faire cesser la névralgie, remettre les yeux dans leur état normal, et faire un teint rose d'un teint jaune et livide.

Cinq années se sont écoulées depuis ce traitement, et, à la moindre indisposition, la malade vient chercher de l'eau magnétisée.

Bien que le somnambulisme ne s'obtienne pas aussi fréquemment que l'état de demi-crise magnétique, il est néanmoins assez facile à produire pour que les preuves de son existence puissent être données aux incrédules les plus obstinés.

Les facultés qui se développent chez les somnambules magnétiques sont presque complétement semblables à celles que présentent les somnambules naturels. Des preuves nombreuses peuvent être données à l'appui de cette assertion, et les ouvrages de médecine, particulièrement ceux qui s'occupent des maladies hystériques et cataleptiques, donnent raison à notre témoignage.

Les somnambules magnétiques diffèrent des somnambules naturels, en ce que, chez les premiers, la crise somnambulique résulte d'une action combinée, tandis que chez les derniers, cette crise dépend d'une cause naturelle indépendante de la volonté.

Quant aux facultés surprenantes qu'on attribue aux uns et aux autres, elles présentent, certes, une grande analogie ; cependant, les somnambules artificiels étant aidés, soutenus, dirigés par une volonté puissante qui, sans annihiler leur libre arbitre, les tient en soumission, doivent avoir plus de jugement, plus de raison, plus de prévoyance que les autres. Chez ceux-là, en effet (somnambules naturels), l'imagination seule semble donner naissance à des actes divers ; chez ceux-ci, au contraire (somnambules artificiels), le développement immense de toutes les facultés se trouve constamment soutenu, excité même, par le rapport intime qui s'est établi entre deux appareils nerveux, appareils que la volonté a liés ensemble.

Par cette raison je n'ai pas grande confiance dans ceux qui ne se servent que d'un anneau, d'un sachet ou autre objet, pour passer au somnambulisme; qui consultent sans direction, et qui n'ont pas de magnétiseur pour les dégager d'un mal qu'ils ont éprouvé, d'une manière factice il est vrai, mais dont il ne leur reste pas moins quelque chose; ce qui peut amener de la confusion lors d'une consultation semblable à celle qui suit :

Un jour, à la suite d'une grande contrariété, je me trouvai gravement malade. J'avais une très-grande irritation de poitrine; je parlais et je respirais difficilement. Je pus cependant, avec beaucoup de peine, endormir mon somnambule, qui me tira d'affaire en très-peu de temps; mais mon peu de force ne me permit pas de le dégager; tout ce que je pus faire fut de le réveiller. Ce pauvre garçon a gardé mon irritation de poitrine pendant trois jours.

On avait l'habitude d'appeler un de mes amis pour magnétiser une jeune somnambule qui restait chez ses parents, chaque fois qu'il y avait une consultation à faire. Un jour, il l'endormit pour consulter une personne qui avait le cerveau malade, le caractère triste, l'humeur noire; il lui venait toujours à la pensée de se détruire. La consultation faite, le magnétiseur, très-pressé pour un rendez-vous à heure fixe, se hâte de la dégager et de la réveiller, puis il s'en va. Deux jours après, la mère vient chercher le magnétiseur; elle ne sait pas ce qu'a sa fille, mais voilà trois fois qu'elle est obligée de lui retirer un réchaud de braise de sa chambre, et de la surveiller ; elle est beaucoup plus triste qu'à son ordinaire. Le magnétiseur se rappelle la dernière consultation, se rend de suite à sa demeure, endort la jeune fille, qui lui confirme ce qu'il avait pensé : que, mal dégagée, elle avait conservé les sinistres pensées de sa malade.

Voici, en général, les facultés qui se développent chez le somnambule magnétique :

Le somnambule peut parler et agir comme dans l'état de veille ; il entend son magnétiseur et les personnes qui ont été mises en rapport avec lui ; il reste sourd aux interrogations des autres et n'entend aucun bruit extérieur ; les sens physiques sont nuls, mais il se réveille en lui un autre sens, appelé sens intérieur, qui est quelquefois le centre de toutes les sensations diverses. Sa mémoire est prodigieuse, son jugement plus droit, sa raison plus forte, ses sensations plus justes, son esprit plus subtil que dans l'état de veille ; il est assez soumis à la volonté de son magnétiseur, lorsque celui-ci agit dans un but d'utilité réelle, mais il se révolte souvent lorsqu'on le contrarie pour des riens, lorsqu'on cherche à le fatiguer pour satisfaire la curiosité d'autrui, et surtout lorsqu'on cherche à lui arracher ses secrets, à abuser de son état et le forcer de dire ce qu'il ne veut pas dire. Il pourrait, pour ces faits, avoir une répulsion pour son magnétiseur, et le prendre même en haine.

Un monsieur, qui demeurait à Eu, venait me voir chaque fois qu'il se rendait à Paris, afin de se convaincre, disait-il, du magnétisme ; il assistait aux petites séances d'amis que je réunissais chez moi, et voyait les expériences de deux ou trois somnambules. Il retournait chez lui, convaincu, disant à tous ses amis ce qu'il avait vu et bien vu. Trois mois après, toute sa croyance était envolée, et cela pendant trois ou quatre voyages. La dernière fois, il m'avoua que tout ce qu'il avait vu était très-beau, mais ce n'était pas encore très-convaincant. Si, par exemple, on pouvait lui dire l'heure à sa montre de chasse, oh! alors, il n'y aurait plus de doute pour lui; il deviendrait un adepte bien dévoué de la science magnétique.

J'avais à cœur de faire cette conversion. Ce monsieur, par sa position, pouvait être utile à ce que je poursuis depuis longtemps : la propagande. Mon somnambule d'alors voyait par le bout de ses doigts, et pouvait, quand il le voulait, voir à sa montre (à la minute) l'heure, sans sortir cette montre de son gousset; il voyait l'heure à la pendule d'une pièce à côté de celle où il se trouvait. Mais comme ce somnambule était très-entier dans son sommeil, je ne pouvais lui faire faire ces sortes d'expériences aussi souvent que je l'aurais désiré. Il me répondait : « Ce sont des bêtises...; donnez-moi un malade, et je le guérirai. — Mais c'est un ami incrédule que je veux convaincre. » Enfin il prit la main de l'incrédule. « Jamais! » me dit-il. Puis, à force de prières, je le décide. Deux fois l'expérience est faite, après avoir préalablement dérangé les aiguilles et refermé la montre (montre dite bassinoire). L'expérience réussit chaque fois, à la satisfaction de douze personnes présentes. C'était en 1848; je ne l'ai pas revu depuis.

DU SOMNAMBULISME MÉDICAL.

Le somnambule médical connaît les maladies dont il est affecté; il voit ses organes souffrants, prévoit l'époque de ses crises, de sa guérison; prescrit les remèdes qui lui sont nécessaires ou le traitement dont il a besoin; sait et indique d'où vient et de quelle époque date sa maladie; il exerce souvent les mêmes facultés à l'égard des personnes avec lesquelles il est en rapport magnétique, soit immédiatement, soit médiatement; il parcourt en peu d'instants une série de questions, qui, dans son état de veille, demanderaient plusieurs heures pour être traitées; il sait le passé, il voit le présent et peut prédire des choses à venir; il est orgueilleux, jaloux, vindicatif; il s'égare aisément lorsqu'il est mal dirigé; le succès de ses expériences passées n'est pas une garantie de succès, pour l'avenir; sa lucidité, complète aujourd'hui, peut être demain tout à fait nulle; il peut savoir ce qui se passe à de grandes distances du lieu où il se trouve, reconnaître des personnes qu'il n'a jamais vues que par les yeux de ceux qui se trouvent en rapport avec lui, ou desquelles seulement on lui a procuré un objet; il s'exalte très-aisément, et lorsque son magnétiseur s'obstine à lui faire faire quelque chose contre son gré, il peut tomber spontanément dans des convulsions effrayantes, et, par suite, demeurer plusieurs heures dans un état inquiétant, difficile à ramener, et forcer quelquefois d'avoir recours à un autre magnétiseur; il peut être frappé de paralysie ou de catalepsie, soit générale, soit partielle.

Le traitement d'une malade, dont j'ai pris note jour par jour et qui a occasionné des phénomènes excessivement curieux, formerait à lui seul un volume. Je me contenterai d'en raconter huit jours, pour prouver l'exactitude des prévisions. Elle n'a été traitée que par la magnétisation et l'eau magnétisée.

Le 29 février 1847 (matin), mademoiselle C..., endormie, se trouve très-malade; cependant elle peut consulter une malade qu'elle avait déjà vue deux fois : cette personne souffre beaucoup de la tête. Elle lui demande pourquoi elle n'a pas gardé ses vésicatoires derrière ses oreilles? Il faut les remettre et prendre d'une tisane dépurative qu'elle lui indique.

Avant la consultation, je lui avais fait des insufflations sur le cœur, qui ne produisirent rien; je lui magnétisai un demi-verre d'eau simple, et lui demandai ce qu'elle voyait! Réponse : C'est de l'eau dans laquelle on a mis des vieux clous rouillés. Elle peut consulter dix minutes après avoir bu.

Elle me confirme qu'elle va être bien malade; qu'à deux heures (il était onze heures) elle aurait une attaque de danse de Saint - Guy, que cette maladie la recherche; que, si un fort chagrin lui survenait, comme la mort de son père ou de sa mère, la maladie se déclarerait tout à fait. Elle ajouta qu'il faudrait qu'elle pût vomir. Je lui fis un médicament approprié, lequel se trouva, d'après son dire, être de la poudre de semen-contra. Elle en boit une très-petite quantité, en me disant que, dans cet état, si elle en prenait davantage, elle vomirait tout de suite; il faut, au contraire, retarder.

Mais ce n'est pas tout ce qu'elle doit prendre : un autre médicament doit accompagner le premier; je repris un quart de verre d'eau que je magnétisai; il se trouva être composé de deux grains d'émétique nécessaires pour faciliter les vomissements. Ce vomitif est bon pour les personnes nerveuses. Elle trouve ce remède si actif, qu'elle le sent jusqu'aux bouts des doigts.

Elle m'apprit que la circulation du sang serait interrompue; la malade deviendra froide; il faudra magnétiser de suite, le remède qu'elle vient de prendre ne fera son effet qu'au bout de trois heures. Il était alors onze heures vingt minutes : « Ma maladie ordinaire, continua-t-elle, se nomme *bubon*. » — Je la réveille, sans rien lui dire de ce qui s'est passé; du reste, elle me l'avait bien recommandé. Elle remonte chez sa mère, qui demeure dans la maison. — A deux heures sonnant, je sors de chez moi pour monter chez elle; dans l'escalier, je trouve sa jeune sœur qui venait me chercher. Sa sœur, me dit-elle, vient d'être frappée comme d'un coup de foudre : elle a la figure d'un rouge violet foncé, un tremblement nerveux de tous les membres; à deux heures vingt minutes, surviennent des envies de vomir, des étouffements, le sujet ne pouvant ni parler, ni respirer. Elle me montre de lui faire des passes depuis la gorge jusqu'à l'hypogastre; elle s'en trouve plus à son aise; mais un froid glacial la prend, suivi d'une transpiration, de mouvements nerveux et d'une paralysie d'un bras et de la mâchoire.

Je lui fis des insufflations chaudes sur le cœur, puis j'apposai la main dessus; la malade appuya la sienne sur la mienne. Je fis des passes avec la volonté de la réchauffer. Enfin, c'est seulement après une heure et demie de ce travail répété, que la tête se dégage, puis le cœur, le ventre, la paralysie du bras et de la mâchoire. Il lui restait une grande fatigue, elle avait bien besoin de repos ; je la quittai à quatre heures ; à cinq heures et demie, je remontai la voir, elle dormait ; ses bras étaient agités, elle les sortait du lit ; la tête était très-rouge, la malade avait la fièvre. Des passes et des insufflations sur le cœur, faites simultanément, ont rétabli la circulation.

Le 1er mars (matin). Je lui fis, comme d'habitude, son médicament ; elle me dit : « C'est de la ..... c'est pour le sang. »

Le 1er mars (soir). La malade déclare : « Je ne suis pas bien, je vais encore avoir une attaque comme l'autre jour ; cette fois la cause n'en est pas la même, elle sera causée par l'émotion, le contentement de revoir mon père » (elle ne l'avait pas vu depuis sept mois et elle devait, le lendemain, aller au-devant de lui à la voiture à dix heures et demie). Plusieurs personnes étant venues la voir, elle fit, malgré son malaise, une consultation très-belle pour une dame ; lorsque, se reprenant pour elle-même, elle répéta : « Demain, à dix heures un quart juste, je retomberai comme l'autre jour, vous emploierez les mêmes moyens ; seulement, au lieu de me donner des feuilles d'oranger infusées, vous me donnerez des feuilles d'amandier infusées et magnétisées. » Je lui fis son médicament approprié, qui se trouva être du sirop de rose.

Le 2 mars (matin). N'ayant pas voulu dire ce qui devait arriver ni à elle, ni à sa mère, je fis dire à cette dernière de ne pas partir sans me prévenir ; ne voyant personne descendre à dix heures cinq minutes, je montai et la trouvai toute rayonnante de joie, pressant sa mère de partir. Là , seulement, je dis à la mère ce qui devait arriver ; je lui dis qu'il ne serait peut-être pas prudent d'y aller ; que l'émotion pourrait la rendre malade ; elle insiste. Je lui dis , voilà ma condition : Je vais vous endormir , si dans votre sommeil vous me dites qu'il n'y a pas d'inconvénient, je vous laisse partir. On voyait déjà dans sa figure un malaise ; une fois endormie, elle vit sa position ; cinq minutes après, la crise commence ; il était juste dix heures un quart ; tous les mêmes symptômes se renouvellent comme la première fois, avec un peu moins de force , cependant, et sans durer aussi longtemps.

Elle put me dire, dans un instant de calme : « Il est heureux que vous ayez pensé à m'endormir ; que serais-je devenue, vous n'étant pas là ? on m'aurait saignée, on m'aurait paralysé les membres ;... cette fois, le sang n'a pas dépassé cette place (en me montrant les sourcils), les magnétisations l'ont empêché de monter au sommet, et la bile partira par en bas. — La nuit a été assez bonne. »

Les 3, 4 et 5 mars. Elle a dormi sans vue, ni lucidité ; elle prenait son médicament comme d'habitude sans pouvoir le désigner ; elle y trouvait bien cependant un goût différent.

Le 6 mars. Elle commence à voir, elle ne peut

assembler les lettres qui sont écrites sur son verre. Elle pense voir demain.

Les quelques séances que je viens de relater ici suffisent pour donner une idée des nombreux phénomènes susceptibles de se produire en l'état somnambulique.

Je poursuis mon énumération.

Le sujet somnambule comprend son magnétiseur et les personnes avec qui il est en rapport, sans qu'il soit besoin de lui parler; il a plus de hardiesse, plus de franchise, plus de précision dans ses actes, que pendant son état de veille.

J'avais une employée dans mon établissement qui était somnambule de nature, elle s'endormait souvent seule et très-facilement. Quand on la magnétisait, elle tombait en extase, ou spontanément, ou par la volonté du magnétiseur. Jamais peut-être ne trouverai-je une somnambule aussi complète.

Un jour, elle me demanda ce qui suit : « Faites-moi le plaisir de m'endormir et de me laisser toujours dans cet état, dit-elle, parce que je serai plus hardie pour parler au monde, plus adroite, et je me fatiguerai beaucoup moins. » En effet, six mois se sont écoulés, pendant lesquels la malade fut plongée dans l'état somnambulique; ma présence seule entretenait le sommeil. La paupière était ouverte, l'œil fixe et comme vitré. Je ne raconterai pas tout ce qui s'est passé pendant ce laps de temps, il faudrait un volume. — A son réveil, le matin, elle était très-effrayée, elle voyait des bêtes sauvages; j'ai été obligé de la rendormir de suite, pour ne la réveiller, une deuxième fois, que le soir au moment de se coucher. Elle ne se rappelait rien de tout ce qu'elle avait fait pendant ces six mois.

Notons deux ou trois des particularités de ce singulier état.

Elle me dit un jour : « Je voudrais bien que vous arrêtiez la circulation du sang, je voudrais bien voir l'effet qui en résulterait. — Êtes-vous sûre qu'il n'en résultera rien de fâcheux ? — Non, en ne me laissant ainsi que deux ou trois secondes. » Je magnétisai avec la volonté d'arrêter la circulation, et, quelques instants après, j'avais un corps inanimé, les bras étaient pendants, inertes ; je n'entendais aucun symptôme de respiration. Deux secondes se passent, et je rappelle le sujet à la vie. Elle me dit : « Vous n'avez pas bien fait : vous n'avez arrêté que la circulation du sang ; il faut avoir la volonté d'arrêter toute espèce de circulation, sanguine, nerveuse, enfin toute circulation ; recommencez. » — Je fis ainsi, mais, cette fois, cela devint hideux à voir. Plus d'un magnétiseur aurait été effrayé, mais je connaissais bien mon sujet et n'avais point d'inquiétude. Revenue à elle, elle déclara : « J'ai bien vu, mais j'ai deux nerfs des yeux que je voudrais bien voir ; faites, mais retournez les yeux fortement. » — Je fais un mouvement des mains, comme si je voulais les retourner avec les doigts : le globe de l'œil s'est retourné comme par un ressort ; puis je les ai fait remettre en place. Le sujet déclara avoir vu et être content.

Un mois environ après, la même personne arrive chez moi, pliée en deux et ne pouvant se redresser. — « Qu'avez-vous ? lui dis-je. — Je ne sais pas ; endormez-moi. » — Endormie, elle ajouta :

« Vous vous rappelez bien m'avoir arrêté la circulation du sang (*sic*)? — Oui. — Eh bien! vous allez le faire arrêter deux secondes; puis, avec une volonté vive et forte, vous lui commanderez de repartir... C'est du sang qui est resté dans mes reins; en faisant repartir le sang avec force, il entraînera le reste, et je me porterai bien. » A son réveil, elle se releva droite; ce fut à moi de ne pas comprendre.

Un médecin homéopathe me demanda de laisser à ma somnambule une boîte garnie de petits flacons de globules; je lui remets cette boîte. En posant ses doigts sur chaque bouchon, elle éprouve diverses sensations, puis elle en prend un, en disant : « Oh! comme celui-là serait bon pour un paralytique! comme cela tire les nerfs! » Elle gesticulait des pieds et des bras. Elle retira un deuxième flacon : « Mais celui-là va me faire vomir; » elle faisait des efforts, comme si l'action devait suivre, ce qui serait peut-être arrivé si elle l'avait gardé plus longtemps; elle en prit un troisième : « Celui-là, c'est bon pour les jeunes filles, il fait circuler le sang; et ce quatrième.... » Elle fait une grimace : « Je ne voudrais pas en prendre beaucoup. — Pourquoi cela? — Vous ne voyez donc pas ce que c'est? — Non.— Hé bien, c'est de l'arsenic. »

Cette expérience nous donna l'idée de lui donner trois autres flacons et de lui demander leur composition chimique. Elle ne se trompa sur aucun. S'il s'agissait d'un végétal, elle nous disait s'il avait été composé avec la fleur, la feuille ou la racine, et les noms de ces médicaments. Le médecin nous assura qu'elle avait parfaitement bien *ressenti* et *vu*. Je ferai remarquer que tout passait par mes mains, sans qu'il y eût de rapport établi avec le docteur, et que les flacons ne portaient qu'un numéro d'ordre..

Un jour qu'on avait fait beaucoup de bains, il était minuit, toutes les baignoires de sa galerie étaient à nettoyer, et mon sujet avait un jupon à ourler, qu'elle aurait voulu avoir le lendemain matin : « Ma foi, tant pis, dit-elle, je suis trop fatiguée ; je vais me coucher ; demain, je me lèverai de bonne heure, et, à six heures, tout sera fini, je vous le promets. » Elle ne s'est levée qu'à six heures, assez tourmentée ; puis elle alla dans tous les cabinets, tout était parfaitement propre ; elle chercha son jupon, il était ourlé. Tout ce travail avait été fait pendant son sommeil magnétique.

Le somnambule magnétique est plus ou moins parfait, de même que les hommes, dans leur état normal, sont plus ou moins habiles ; mais une chose assez bizarre, c'est que ce ne sont pas les personnes qui, durant la veille, ont le plus de connaissances et d'esprit, que l'on amène le plus souvent à une lucidité somnambulique parfaite ; ce sont, en général, les individus les plus ignorants qui arrivent le plus communément à ce développement extrême des facultés morales qui atteignent le plus vite la perfection. Nous avons vu des filles de la campagne sans éducation, ne sachant pas dire « deux et deux font quatre, » devenir, étant magnétisées, d'une intelligence et d'une précision de langage parfaites.

Beaucoup de somnambules ont ce que nous appelons le don de transmission de la pensée, c'est-à-dire, qu'au lieu de voir par eux-mêmes, de chercher seuls, ils s'emparent de l'opinion ou de la pensée du magnétiseur sur la question à résoudre ou l'expérience à faire. Le magnétiseur qui veut s'occuper de guérir doit bien se garder de développer cette faculté qu'ils ont presque tous.

Une dame me demandait une consultation de ma somnambule Eugénie; elle venait de la part d'une personne guérie par Eugénie; c'était une mèche de cheveux que cette dame apportait; la somnambule touche les cheveux, puis les jette par terre, en disant : « Qu'est-ce que vous voulez que je voie? ces cheveux appartiennent à une vieille coquette qui se fait teindre les cheveux et qui met un tas de pommade. Est-ce qu'on peut voir quelque chose? — C'est vrai, ma fille, vous avez raison, son valet de chambre lui teint les cheveux presque tous les jours. »

Cette dame me demande alors : « Pourrait-elle me dire si, moi, je suis malade? » Je dégage ma somnambule et mets cette dame en rapport, puis je lui répète cette demande : « Madame est-elle malade? — Vous vous portez très-bien; seulement, vous avez quelquefois des migraines qui vous font bien souffrir. — C'est cela, répond le témoin, qui presse les mains de la somnambule. » Deux mois après, cette dame entre à la maison et me demande des nouvelles de ma somnambule, me disant qu'elle l'avait beaucoup intéressée, qu'elle pensait toujours à elle. Je lui dis : « Dans ce moment, elle dort et consulte une personne. — Je voudrais bien savoir si elle me reconnaîtrait. Puis-je entrer? — Après la consultation finie, lui dis-je, vous pourrez la voir. » Je fais entrer cette dame; puis, s'asseyant à côté d'elle, elle prend la main du sujet, auquel je demande : « Connaissez-vous cette dame? — Certainement, c'est madame de Saint-Gervais. » Cette dame, étonnée, lui dit : « Qui est-ce qui vous a dit mon nom; personne ne me connaît ici? — Il est facile de vous le dire, répondit le sujet; j'ai éprouvé tant de plaisir à être en rapport avec vous, vous m'avez paru si bonne, si bienveillante, que le rapport est complet, intime; et je sais votre nom, parce que vous le savez, vous. Je pourrais vous dire ce que vous pensez, ce que vous avez fait, et ce que vous avez l'intention de faire : je suis *vous*, en un mot; ce que vous éprouvez, je l'éprouve. » Cette dame n'en voulut pas savoir davantage, elle serra la main du sujet et me remercia. Je ne l'ai pas revue depuis.

Un officier, que m'avait fait connaître un de mes amis, avait assisté à une petite soirée magnétique, et avait été enchanté de ce qu'une somnambule lui avait dit, en confidence, de ses intrigues amoureuses; à quelques jours de là, il vient me demander si je pouvais le mettre en rapport avec cette même somnambule. Je lui promis que, dans trois jours, je donnerais une séance, que je prierais cette dame de venir, mais que je la connaissais fort peu. Il m'assura que c'était un grand service que je lui rendrais, et il ne manqua pas au rendez-vous, trouva la somnambule et resta en tête à tête une demi-heure. Pendant ce temps, deux autres somnambules donnèrent de la distraction aux invités. La soirée finie, ce brave officier semblait très-heureux et ne revenait pas de son bonheur. — Plus tard, il me raconta cette histoire, que je relate ici sous toute réserve :

« J'étais bien reçu dans une maison où il y avait une fille unique charmante ; la jeune fille avait l'air de me voir avec plaisir, et, sur ces espérances, ma tête travaillait du matin au soir ; je faisais des rêves de bonheur et des frais de toilette ; la somnambule que je vous avais demandée m'a confirmé, par tous les détails qu'elle m'avait donnés, que je devais être riche, et, par-dessus tout, avoir une jolie femme. Je croyais tellement à la réussite de cette prédiction, que je me décidai à acheter un très-joli cadeau, que je devais faire remettre à ma future, lorsque j'appris que l'on venait de publier les bans du mariage de mademoiselle S***. Jugez de mon désappointement ! Je me suis rendu compte, trop tard, que cette somnambule ne m'avait répété que ce que m'avait forgé mon imagination. »

Lorsqu'on veut développer cette faculté des somnambules de communiquer, par la pensée, avec les consultants, cela devient facile par l'habitude de les interroger d'une certaine manière. Dans une leçon suivante, nous parlerons des avantages et des inconvénients de cet état ; mais, pour les malades, il en résulte que les somnambules deviennent paresseux ; ils lisent dans la pensée du témoin le mal, la cause, la date, le régime qu'on doit suivre, et si vous avez bien ou mal fait le traitement ; l'on s'en va émerveillé. En effet, le malade sait bien où il souffre ; mais souvent le mal n'est pas où il le croit. On est malade, mais on n'a pas toujours conscience de son mal ; on l'attribue à une cause, et c'est souvent à une autre qu'il faudrait le rattacher. Le mieux est, quand, au contraire, le sujet voit et sent par lui-même, et ne s'occupe pas de votre pensée; il agit seul, et, s'il est bon somnambule, faites et croyez ce qu'il vous dit.

Mon somnambule répondait à un malade, qui lui demandait : « Depuis combien de temps ai-je ce mal? de quelle cause vient-il? — Il date de bien loin, de plusieurs années. Si je voulais chercher, je vous dirais le jour, la date précise, d'une peur que vous avez eue; mais cela me fatiguerait de faire cette recherche. Vous ai-je bien dépeint vos souffrances? comment vous les ressentiez? — Oui. — Eh bien! que je vous guérisse, voilà ce qu'il vous faut, et je vous guérirai. Maintenant, allez trouver ceux qui lisent dans le passé et dans l'avenir; moi, je ne m'occupe que du présent. »

Nous avons dit que les somnambules endormis avaient les yeux convulsés; il y en a qui s'endorment sans que les paupières se baissent; alors les yeux sont fixes, la pupille dilatée, et une lumière posée à un ou deux pouces des yeux ne leur fait rien éprouver qu'un sentiment de chaleur. Si de l'eau vient mouiller les yeux, c'est qu'ils sont fatigués. Il faut, avec quelques passes, faire baisser les paupières; quelquefois on est obligé de poser le pouce au-dessus, à partir des sourcils, pour faire baisser bien légèrement et fermer les paupières. D'autres ferment les yeux en s'endormant; mais on peut, par la volonté, faire lever les paupières, et les laisser fort longtemps dans cet état; puis les faire baisser de nouveau, toujours par la volonté. Lorsque vous avez endormi votre sujet les yeux fermés, il faut toujours le réveiller les yeux fermés ; de même, si vous l'avez endormi par la volonté, il convient mieux de le réveiller par la volonté. Le réveil est une chose d'habitude ou de convention entre le magnétiseur et le somnambule. J'ai vu des magnétiseurs qui réveillaient leurs sujets en leur tirant le petit doigt vivement et lâchant leur main ; d'autres, en leur trempant la main dans un vase d'eau (mauvais moyen et dangereux) ; en leur jetant un mouchoir à la figure. On peut encore endormir et réveiller en donnant un objet magnétisé, une bague, un mouchoir, un étui, un dé, un objet en métal, une pièce de monnaie, un cornet de papier, que l'on a, au préalable, magnétisé avec cette intention ; on peut encore endormir en magnétisant préalablement la chaise, le fauteuil qui doit servir au sujet.

J'avais une malade que j'actionnais tous les jours à pareille heure ; elle dormait sans avoir de lucidité, ni de clairvoyance ; mais ce sommeil calme, que je laissais durer une demi-heure, lui faisait beaucoup de bien.

Comme elle ne pouvait venir chez moi deux des jours de la semaine, je lui donnai un anneau dans un papier, et je lui dis : A l'heure habituelle, vous prendrez cet anneau dans votre main gauche, et vous dormirez ; après la demi-heure, vous remettrez l'anneau à la main droite, et vous vous réveillerez. Tout se passa ainsi : elle ne dormait jamais une minute de plus et ne fut jamais indisposée.

Il est des somnambules qui, lorsqu'ils ont acquis un certain degré de lucidité, ne doutent plus de rien et ont des prétentions exorbitantes ; il faut se défier beaucoup de tels sujets. S'il arrive que leur magnétiseur manque d'expérience ou de savoir, ce n'est bientôt plus lui qui gouverne : il est, au contraire, promptement soumis aux caprices et à la vanité du somnambule.

Que l'expérimentateur imprudent qui s'abandonne au gré du somnambule prenne donc garde. Sa joie et ses succès ne seront pas de longue durée ; il commettra, sans s'en douter, des abus qu'il ne lui sera plus possible de réparer, lorsqu'il les aura reconnus. Le premier devoir d'un magnétiseur, c'est de prévoir les effets de son action ; il pourra sans doute s'égarer quelquefois, mais il aura su tenir en réserve les moyens réparateurs indispensables au salut du sujet.

Une faculté qui se présente bien rarement et dont nous n'avons vu que très-peu d'exemples, c'est la juste prédiction que peuvent faire certains somnambules privilégiés, relativement à des effets futurs dont les causes n'existent pas encore. J'ai eu deux somnambules qui m'ont prédit des choses surprenantes dans ce genre d'expériences ; mais ayant rencontré tant d'erreurs dans d'autres circonstances, ils n'ont pu me convaincre de l'existence réelle de leur faculté de prévision.

Les prédictions qui m'inspirent plus de confiance, sont celles qui ne sont pas provoquées ; celles que les sujets avancent spontanément et qui viennent d'eux-mêmes, sans avoir été sollicitées par personne, ni provoquées par aucun objet ; c'est surtout dans l'extase que ces prédictions se rencontrent.

Il est une faculté de laquelle usent quelques in-

dividus : c'est celle d'agir sur leur propre organisation , de se magnétiser et de se porter, par leur
propre volonté, aux divers degrés du magnétisme.
— C'est d'abord, selon nous, l'âme qui agit sur la
matière , puis qui, s'exaltant d'elle - même par la
force de la volonté et le caprice de son imagination
propre, s'affranchit, en quelque sorte, des liens
corporels, ainsi qu'elle le désire.

Nous avons eu plusieurs somnambules qui ,
d'eux-mêmes, ont conçu l'idée de se magnétiser, et
qui y ont réussi ; cependant, il est positif que leur
lucidité somnambulique, ainsi développée, est bien
inférieure à celle qu'ils acquièrent lorsque l'action
magnétique vient d'une autre personne.

J'ai vu une dame se placer devant une psyché,
se magnétiser en faisant des passes sur cette glace
et passer à l'état somnambulique.

Une somnambule avait pris l'habitude , pour
s'endormir, de rouler un coin de son tablier; lorsqu'il était roulé dans toute sa hauteur, elle était
endormie. Pour se réveiller, elle roulait l'autre
coin, en opérant lentement.

Il résulte souvent de cette sorte de magnétisation
une très-grande perturbation physique et morale,
qui n'est certes pas sans dangers pour le sujet. Il
s'ensuit bien souvent que le somnambule a des
convulsions violentes, qu'il dit des choses incohé-
rentes, folles, et qu'il s'éloigne autant de la vérité,
qu'il peut en approcher lorsqu'il est dirigé et soutenu par une tête habile et raisonnable. — J'ai vu
beaucoup de ces somnambules qui, après être restés
un certain temps dans cet état d'exaltation , es-
sayaient vainement, pendant plusieurs heures, de

recouvrer leur état normal ; leurs yeux ne pouvaient même être ouverts que par une main étrangère, ou au bout d'un assez long temps.

* * *

SIXIÈME LEÇON

DE L'EXTASE.

Le somnambulisme magnétique peut être porté
à un état supérieur, que nous appelons *extase ;*
cette crise, qui d'ordinaire est produite par l'action du magnétiseur, se manifeste quelquefois
d'elle-même, c'est-à-dire par la seule disposition
du magnétisé.

On distingue deux sortes d'extases : l'*exaltation*
et la *contemplation.* L'extase contemplative est
une crise dans laquelle la lucidité des sujets est
beaucoup plus grande encore que dans l'état de
somnambulisme ; les facultés de l'âme sont alors
d'autant plus exquises, que l'absorption de l'organisation physique est plus profonde. Nous pensons
que, dans cette crise, le lien vital est bien faible,
ou du moins bien rarement modifié, car l'insensibilité corporelle est générale, tandis que le travail
spirituel est prodigieux. On peut dire que la partie
animante, qui est destinée à entretenir le jeu des
organes, ne remplit que très-imparfaitement ses
fonctions, tandis que la partie *pensante* développe
u plus haut point les facultés de l'esprit.

C'est dans cet état d'extase que le magnétisé jouit de la plus haute perfection de lucidité ; il examine avec le plus grand soin les opérations qu'il a faites pendant son somnambulisme , il contrôle ses propres actes ; ses combinaisons sont plus sages, sa prévoyance plus sûre , sa mémoire plus grande ; enfin , toutes ses facultés morales acquièrent un surcroît de développement et de perfection qu'il ne nous est pas donné d'exprimer.

Le fait suivant m'a été communiqué par M. Ricard, l'un de nos savants professeurs de magnétisme.

M. Ricard met en somnambulisme madame N***, qui annonce qu'elle se trouve beaucoup mieux depuis qu'elle se fait magnétiser : « Il y a quatre ans, dit-elle, que les médecins me traitent; je me suis confiée aux soins de gens très-habiles et qui jouissent d'une haute considération , et cependant ils ont épuisé sur moi toutes les ressources de l'art, sans pouvoir me procurer le moindre soulagement, sans empêcher même la maladie de s'aggraver. J'ai chez moi plus de trois cents prescriptions et je ne sais combien d'objets pharmaceutiques; j'ai suivi tous les traitements qui m'ont été ordonnés, et je n'ai pu guérir. Mais , j'en ai actuellement la certitude, dans peu de temps , je devrai aux soins de mon magnétiseur la santé la plus parfaite. »

Madame N*** demande ensuite à M. Ricard de l'endormir ; — cette somnambule appelle sommeil l'état extatique dans lequel son magnétiseur la mettait depuis quelques jours, d'après son ordre à elle; et elle nomme veille magnétique son état de somnambulisme. — Le magnétiseur se rend au désir de son sujet qui, au bout d'une minute, est dans une extase parfaite; alors l'insensibilité est absolue, elle n'entend plus son magnétiseur et est d'une immobilité complète; après cinq minutes environ, elle revient à l'état de somnambulisme. Alors a lieu, entre elle et son magnétiseur, le dialogue ci-après :

— Avez-vous vu , dans l'état d'où vous sortez, quelque chose qui puisse favoriser votre guérison ?

— Non, rien... que le magnétisme.

— Pourriez-vous nous dire quel est cet état?

— Oui, c'est un état de béatitude.

— Avez-vous pensé dans cet état ?

— Oui, sans doute.

— Quelles sont les pensées que vous avez eues?

— Je ne puis vous les exprimer : d'ailleurs, si ma bouche pouvait les rendre , vous ne les comprendriez pas.

— Mais encore, dites-nous à peu près ce qui s'est passé en vous... ce que vous avez éprouvé.

— Je vous l'ai dit : j'étais parfaitement heureuse; après cela, je vous le répète, s'il m'était donné de trouver des expressions qui puissent rendre mes pensées , vous ne pourriez point me comprendre ; il vous manque un sens : les sourds-muets de naissance ne peuvent pas juger de la différence des sons...

— Pourquoi ne m'avez-vous pas répondu , quand je vous ai appelée?

— Est-ce que vous m'avez parlé?... je n'ai rien entendu.

— D'où vient cela?

— Comment! c'est vous qui m'adressez cette question! vous, magnétiseur! Vraiment, je ne puis croire que vous ayez besoin de ma réponse pour être fixé!...

— Je ne sais que penser de l'état où vous étiez tout à l'heure; néanmoins, je vous prie de nous dire pourquoi vous ne m'avez pas répondu?

— Ah! c'est que la maison était bien là, mais le locataire était déménagé. C'est absolument comme si je plaçais mes vêtements sur le fauteuil et que j'allasse me promener (*sic*)!...

Pour produire l'extase (ce qu'on ne doit faire qu'en cas d'urgence), nous surchargeons de fluide le cerveau et l'épigastre du sujet; en l'enveloppant d'une atmosphère de fluide, le magnétiseur doit, par la pensée, faciliter cette sainte action, en élevant, vers le Créateur, une foi vive, une confiance entière et sans bornes; le laisser libre, comme s'il était en rapport avec la Divinité; surveiller attentivement tout ce qui se passe, attendre la fin de cette crise; souvent il se lève, on dirait qu'il monte au ciel, ou bien il tombe à genoux, les mains jointes, les paupières levées; les yeux restent fixes et brillants, la figure prend une expression de sainteté angélique, un mouvement des lèvres fait supposer que le rapport existe, et que son âme fait tous les frais de l'entretien. — J'ai vu, à la fin de cette expérience, l'âme se séparer, pour ainsi dire, de la matière, et je ne recevais, dans mes bras, qu'un corps inanimé et paraissant sans vie. C'est alors que le magnétiseur doit garder tout son sang-froid. Il faut placer le sujet sur un siége et se hâter de rappeler cette âme qui semblait un instant avoir

abandonné son enveloppe. Il faut lui faire reprendre sa place.

Un jour que je magnétisais une somnambule,
elle me demande de la faire monter en extase.

— Dans quel but? lui dis-je.

— Je dois avoir un protecteur, et je voudrais
pouvoir lui parler et le voir.

Je me rendis à la demande du sujet. — Elle était
assise; je lui fis des passes, à une assez grande
distance, de bas en haut, en élevant ma pensée vers
le Créateur, le priant d'exaucer sa prière et de la
mettre en rapport avec le protecteur qu'il voudra
bien lui donner.

Elle se lève doucement, ses mains se rapprochent, elle fait trois pas en avant, ses paupières
s'ouvrent, ses yeux fixes sont tournés vers le ciel,
ses bras s'élèvent lentement, ses mains sont collées
l'une contre l'autre, le bout des doigts élevé en
haut; elle se soutient sur la pointe des pieds : on
voit son corps s'allonger comme si elle allait quitter la terre; tous les traits de la figure du sujet
prennent une expression angélique. — Ses lèvres
remuent comme celles de quelqu'un qui parle à voix
basse. — Plein d'admiration, je pensais que si un
peintre était là, il devrait s'inspirer. Je me plaçai
derrière mon sujet, persuadé qu'elle ne pouvait
garder longtemps cette position fatigante; en effet,
elle se laissa tomber comme affaissée sur elle-
même.

Je ne recevais dans mes bras que de la chair
inanimée, l'esprit semblait avoir quitté la matière.
Je traînai le sujet sur un fauteuil, je m'empressai
de rappeler la vie. Elle reprit son état somnambu-

lique, elle était heureuse, elle avait vu son protecteur, qui lui avait promis de la guérir, et il lui
avait donné une recette, dont je pris note.

Je lui demandai si elle savait le nom de son
protecteur.

Elle me répondit :

— C'est saint Joseph.

Je lui fis une autre demande; elle ne se rappelait plus qu'elle était tombée dans l'état extatique.

Ne faites pas l'imprudence, en de telles circonstances, d'abandonner votre sujet, de vous distraire, car la vie, si vous tardiez, pourrait bien ne
plus revenir. Il redescend à l'état somnambulique,
d'où il était parti ; là, interrogez-le de suite avec
bienveillance; s'il a confiance en vous, il vous
apprendra ce qui s'est passé, ce qu'il a vu, ce qu'il
a demandé, les réponses qui lui ont été faites ;
hâtez-vous, le temps presse, car, cinq ou dix minutes après, il ne se rappelle plus rien de l'état
supérieur d'où il vient de sortir. Si vous plaisan-
tiez de ce qu'il raconte, ou que vous n'ayez pas de
confiance, vous seriez mal reçu et vous ne sauriez
plus rien à l'avenir.

Lorsque l'extase arrive sans être provoquée,
elle cesse de même dans un temps plus ou moins
long.

La musique (les airs doux de préférence ou religieux) est susceptible de faire passer à l'état
d'extase un somnambule, qui en a les dispositions ;
je dis dispositions, tous les somnambules ne peuvent pas atteindre ce degré; un très-petit nombre,
u contraire, a ce privilége.

La voix humaine agit surtout sur l'extatique, par le chant ; des vers bien accentués et exprimant harmonieusement une passion, ou un sentiment quelconque, produisent le même résultat ; alors, l'expression de la physionomie ou du geste, chez le sujet, suit instantanément le rythme ou la variation morale ; arrêtez-vous, et vous aurez un modèle aussi beau que l'art peut le désirer.

Il y a aussi un état mixte de demi-crise qui ressemble à l'extase, mais n'est pas porté à l'état d'exaltation des premiers ; le sujet reste encore en correspondance avec son magnétiseur, qui peut le questionner à volonté. La demande est faite par lui, à voix basse, et il vous donne la réponse, ou bien vous dit souvent : « On ne veut pas répondre à cela. »

DE QUELQUES AUTRES PHÉNOMÈNES

DU SOMNAMBULISME.

Il y a des somnambules qui possèdent la faculté de communiquer, par la *pensée,* avec les personnes présentes. Ces somnambules sont très-recherchés par les magnétiseurs qui donnent des soirées amusantes ; en effet, les expériences qu'on peut faire avec eux sont sans nombre. Si vous les mettez en rapport avec une personne qui veut les faire voyager, ils suivront, verront, s'arrêteront partout où la personne verra ou s'arrêtera. Si vous les faites entrer, toujours par la pensée, dans un endroit pour l'explorer, un château, une maison, un jardin, ils vous diront parfaitement tout ce que vous voyez, ou ce que vous voulez voir.

Vous pouvez mettre ces somnambules en rapport avec un témoin au moyen de quelques passes, afin de souder, si je puis m'exprimer ainsi, deux intelligences ensemble. Si c'est un étranger : Allemand, Prussien, Espagnol, un Arabe, peu importe ; tout sera répété, par le ou la somnambule, aussi vite, et quelquefois plus vite. Tous les mots qui sortiront de la bouche de l'interlocuteur seront répétés : même prononciation, même accent. Vous pouvez même faire chanter le sujet ; il fera tout vos mouvements, dansera, sautera, valsera et fera des armes. Enfin, tout ce que vous ferez sera exécuté instantanément.

L'on comprendra que, si un somnambule peut être mis en rapport par son magnétiseur et au moyen de quelques passes avec un étranger, le rapport qui existe entre le magnétiseur et le somnambule étant bien plus étendu, bien plus direct, permettra des expériences semblables faites par le magnétiseur lui-même, en formulant mentalement sa volonté. Il veut qu'il chante, il chantera ; — il veut l'arrêter, il s'arrête ; — il veut lui faire lever le bras droit ou le gauche, le sujet obéit à l'instant.

Ce peu d'exemples doit suffire pour juger du parti qu'on peut tirer des somnambules qui ont la faculté de lire dans la pensée. Je dois dire qu'ils se révolteraient si votre volonté leur demandait des choses impossibles ou malhonnêtes.

J'ajouterai que ces somnambules sont rarement bons pour les consultations médicales, ils ont rarement l'instinct des remèdes, et, sous la conduite d'un médecin, ils n'en seraient que la répétition, ce qui, dans beaucoup de cas, pourrait être un inconvénient.

On peut faire l'éducation d'un somnambule et lui donner une direction s'il n'en a pas, ou la changer s'il en a une mauvaise ; on peut lui faire perdre des habitudes et lui en donner d'autres ; tout cela dépend du magnétiseur, et surtout de celui qui l'a commencé. Par ces motifs, on devrait plutôt s'informer de la moralité du magnétiseur que de celle du sujet.

J'ai connu un somnambule, très-mauvais sujet dans son état naturel, peu obligeant ; parfait dans son état magnétique, toujours prêt à rendre service, content de lui lorsqu'on lui disait qu'il avait fait du bien.

Maintenant, j'ajouterai qu'il y a des somnambules qui ont réellement la vue à distance. Ils peuvent voyager à petites journées, voir tout sur leur passage, rendre compte des plus petits détails ; s'ils sont en voiture, éprouver les secousses du véhicule, indiquer les relais, dépeindre l'auberge, ceux qui l'habitent ; ils dormiront dans la voiture, si vous devez voyager de nuit ; cinq ou dix minutes sont une nuit pour eux.

J'en ai eu une qui ronflait réellement, se réveillant juste à l'endroit du relais, éprouvant une secousse de la diligence qui s'arrêtait, et disant : « Tiens ! nous sommes donc arrivés ? »

Si vous devez traverser la mer, ils éprouveront le mal de mer, ils rendront ce qu'ils ont dans l'estomac ; quelquefois ils sont réellement malades, au point qu'on est obligé de les dégager et de les réveiller, comme s'il ne poùvaient pas supporter la traversée.

Deux dames de nos amis ayant un grand désir de savoir ce qu'était devenu un Monsieur, mari d'une de leurs sœurs, et pensant qu'il était à Alger ou aux environs, me prièrent de mettre ma somnambule C... à sa recherche. J'endormis celle-ci, la priant de se transporter à Alger, à vol d'oiseau, et je lui remis un objet ayant appartenu à la personne cherchée. Elle commença par dépeindre exactement l'être au sujet duquel on la consultait. Puis, au bout d'un instant, elle me dit : « Je suis arrivée. — Maintenant, cherchez. — Je ne le vois pas, mais je le sens. — Alors, poursuivez. — Quel joli pays ! le beau ciel bleu ! Je vois beaucoup de Français, beaucoup de militaires (suit la description de tout ce qu'elle voit), mais je ne vois pas ce Monsieur. Je sens bien qu'il y a été. — Allez plus loin. — Oui, je passe partout où il a passé, je suis sa trace comme le chien qui cherche son maître. »

Elle poursuit, mais tout ce qu'elle voit sur sa route lui semble bien extraordinaire ; à force de voyager, attirée par les beaux sites, elle se trouve dans un endroit qui la ravit ; elle voit une jolie femme, une princesse portée sur les épaules d'esclaves ; elle est couverte de bijoux, boucles d'oreilles, colliers de perles, bracelets ; c'est dommage qu'elle soit noire, mais elle est belle. « Oh ! le beau cavalier ! c'est un prince pour le moins ; les beaux arbres, les beaux orangers, les beaux bâtiments ! — Mais, où êtes-vous ? — Tiens ! j'ai été trop loin : il n'y a plus de Français ; je crois être dans le Maroc ; j'ai été attirée par toutes ces belles choses ; il n'est pas venu ici. — Eh bien, il faut retourner, mais pas par le même chemin. — Je n'en vois pas d'autre, ou il faudrait m'embarquer. — Embarquons-nous, voilà justement un bâtiment qui va partir pour Alger; de là, vous vous dirigerez ailleurs. — Allons! me voilà; tenez-moi bien, je vais tomber. O mon Dieu! que j'ai mal au cœur! que je suis malade! je ne veux pas rester là. Je vais mourir. »

Elle fit des efforts si grands, qu'elle en devint pourpre; et je fus forcé de la dégager et de la réveiller. A son réveil, se voyant les larmes aux yeux, elle me demanda ce qu'elle avait eu.

Les somnambules peuvent aussi se transporter à une très-grande distance, d'un seul instant. Vous leur ordonnez d'aller à Marseille ou dans tel autre lieu, et, peu de temps après, ils se dirigent et vous répondent : « Je suis arrivé. » Alors commencent les détails.

De tels sujets, qui peuvent être très-bons pour les maladies, sont très-utiles en ce sens, qu'on peut les envoyer voir des malades dans une autre ville, dans un autre quartier, sans déranger le malade, qui ne sait pas qu'on les consulte pour lui; ils vous disent la position du malade : s'il est couché, levé, son âge, son sexe, la maladie, ce qu'il éprouve, etc..... Ces somnambules sont rares.

Une pauvre mère, qui avait l'habitude de consulter une somnambule de notre connaissance, avait passé chez elle pour son enfant de quatre ans; ne la trouvant pas, elle était venue me demander l'adresse de son magnétiseur, espérant la trouver chez lui; je la lui donnai; « mais, » lui dis-je, « sans doute vous ne le trouverez pas chez lui ; le dimanche, il va d'habitude à la campagne. » Cette pauvre mère se désole : « Mon Dieu ! mon enfant va peut-être être mort en arrivant, le médecin l'a abandonné ; voilà trois jours qu'il ne peut plus prendre rien, rien ne passe. — Pourquoi avez-vous attendu ? il fallait y aller hier samedi, vous l'auriez trouvé. — Vous savez, Monsieur, hier, je n'avais pas cinq francs, je ne les ai eus que ce matin. — Ne vous désolez pas, lui dis-je, je vais demander à ma somnambule C....., cela ne vous coûtera rien. — Mais je n'ai rien apporté de l'enfant ; l'autre somnambule avait l'habitude de se mettre en rapport avec moi, et elle voyait comme cela mon enfant. — Je fais part à ma somnambule de cette condition. Elle me répond : Je verrai sans doute ; mais je n'aime pas cette méthode-là ; je serai plus exacte en allant voir le malade ; dites-moi où il reste ? — Je répète l'adresse que la mère me donne, rue de la Douane. — M'y voilà, j'entre ; ah ! vous êtes donc cordonnière ? — Oui, Madame. — Il faut monter dans une soupente. Il est bien mal, il n'a pas d'air. — Cela est vrai, dit la mère. — Le pauvre petit, comme il se plaint ; il va étouffer, il est rouge, il a de la fièvre, il est bien bas ; vous lui donnerez une petite cuillerée à café de cette potion tous les quarts d'heure (suivait la potion), et s'il en passe quelques gouttes il est sauvé. — Mais ça ne passera pas, dit la mère. — Si, j'ai l'espoir que cela passera ; allez-vous-en bien vite et gardez votre argent pour soigner votre petit ; je veux le revoir demain ; apportez-moi son bonnet de nuit. » Le lendemain la mère revint toute joyeuse ; son enfant avait bu toute la nuit, il avait fini par boire à la tasse, tant il était altéré. La somnambule le vit mieux; elle lui prescrivit un traitement pour quatre jours. Le cinquième jour on revint de nouveau; la somnambule avait perdu sa lucidité, je ne pus la rendormir. Ce pauvre enfant est mort le lendemain, m'a-t-on dit. Cette somnambule n'entreprenait pas de malades, par cette raison qu'elle était susceptible de perdre sa lucidité pendant plusieurs mois pour la recouvrer ensuite et la perdre de nouveau.

Il y a des somnambules qui peuvent lire à travers les corps opaques, voir au travers d'un mur, lire une lettre cachetée, lire dans l'ombre, à la nuit; d'autres ont besoin que l'objet soit éclairé, quoique leurs yeux soient hermétiquement clos, au moyen de morceaux de peau collés à la gomme, ou de tampons de coton, de mouchoirs en bandeaux. Une somnambule qui pouvait coudre, travailler, me disait : « Plus vous me mettez de bandeaux, moins je me fatigue; je travaillerais une heure sans bandeau et avec trois ou quatre bandeaux je travaillerais trois heures. » Les somnambules peuvent jouer aux cartes, voir le jeu de l'adversaire et même les cartes sans être retournées.

Pour les magnétiseurs, les bandeaux n'ont aucune valeur : il nous suffit de savoir, en relevant les paupières, que le globe de l'œil est convulsé, les yeux retournés, ce qui est indispensable au somnambulisme.

Nous avons déjà fait remarquer que la vue pouvait se transporter au front, à l'épigastre, dans la généralité des cas; au bout des doigts, assez souvent. Il est également assez ordinaire de rencontrer

des somnambules qui voient par deux endroits;
j'ai formé quatre somnambules qui voyaient par le
front et en même temps par le bout des doigts,
des mains et des pieds. Une autre me disait, sur
ma demande « Par où voyez-vous? : Je ne peux
préciser; il me semble que tout s'illumine autour
de ma tête sans que je puisse désigner un endroit
fixe. »

Nous venons de parler de la vue, nous allons
donner quelques renseignements sur le sens du
goût qui, lui aussi, se trouve changé et modifié.

Les somnambules reconnaissent très-bien l'eau
magnétisée de celle qui ne l'est pas. Vous pouvez
mettre un verre d'eau magnétisée avec cinq ou six
autres dont l'eau n'aura pas été magnétisée, le
somnambule ne se trompera pas en vous désignant
le premier. Vous pouvez transformer, pour eux,
l'eau en toute espèce de liqueur. Un jour que je faisais cette expérience, un assistant me demanda de
faire de l'encre. Je cédai à sa demande, persuadé
que le sujet ne boirait pas. En effet, il me dit :
« Qu'est-ce que vous me donnez-là? c'est tout noir.»
Il porta le verre à ses lèvres, et, par un mouvement de colère, me jeta le contenu à la figure, en
ajoutant que c'est sale de donner de l'encre.

Si vous offrez à un somnambule des choses à son
goût, il vous remerciera. Il n'est pas rare de les
voir remuer le fond du verre quand vous avez
donné de l'eau sucrée; si c'est du thé ou du café,
il sera trop chaud ou trop froid; s'il est trop chaud,
vous le verrez souffler dessus; s'il est trop froid,
il vous le rendra pour le faire réchauffer; ce qui
vous sera facile par votre volonté accompagnée de

quelques passes. Je fus invité par un magnétiseur à une soirée donnée par une somnambule. J'avais eu soin de faire provision de petits gâteaux, de croquets. Je les donnai successivement au magnétiseur pour les transformer en toute espèce de substance, et cela à la demande des invités, demande formulée par écrit; le sujet mangea ainsi du chocolat, du sucre, des marrons glacés, du pain d'épice, du jambon et une poire; mais le magnétiseur ne s'en tint pas là, il voulut aller plus loin; il alla chercher un bout de chandelle, lui donna une forme ronde et en fit une prune; le sujet mangea sans défiance, la trouvant très-bonne; mais au réveil il avait la bouche mauvaise, le goût du suif lui revint, il se fâcha, s'informa; on lui raconta cette mauvaise plaisanterie, qu'il n'a jamais pardonnée au magnétiseur depuis cette époque.

Un magnétiseur ne doit jamais céder à la demande d'un incrédule qui veut, dit-il, se donner une conviction en faisant des demandes bizarres, malhonnêtes, ou pouvant nuire à la santé de l'être qui lui est confié; plutôt cent fois les laisser incrédules.

Il y a des somnambules qui ont le goût du magnétiseur, et qui éprouvent toutes les sensations qu'il éprouve. J'en ai vu une lire, à trois reprises différentes, des mots que nous avions détachés de plusieurs affiches; quinze mots roulés, mis dans un chapeau, tirés au hasard et collés (par nous, magnétiseurs bien en garde contre toute supercherie) au mur d'une pièce voisine, la porte de la pièce où était la somnambule bien fermée; les mots, du reste, étaient rangés de manière à ne pas être vis-àvis cette porte; nous avons vu, à notre grande satisfaction, ces trois expériences parfaitement réussir.

Les lignes suivantes viennent encore à l'appui d'une *communication de pensées et de sensations* entre le magnétiseur et le magnétisé. Dans la même séance dont je parlais plus haut, on avait acheté des pastilles de plusieurs natures, et, à mesure qu'on donnait à manger une de ces pastilles au magnétiseur, la somnambule faisait le même mouvement des lèvres et disait : « La bonne pastille, elle est à la menthe; le bon chocolat, il est à la vanille. » Cette expérience fut cinq ou six fois répétée, et le sujet ne s'est jamais trompé. Le magnétiseur fit une cigarette et se mit à la fumer; le sujet fit le simulacre de fumer et rejetait la fumée en disant : « Il est bien bon ce tabac, ce n'est pas du caporal, il est bien de la Havane. »

Il y a des somnambules qui, lorsque l'on frappe le magnétiseur sur une partie du corps, ressentent à la même place le coup donné au magnétiseur et se plaignent amèrement du mal qu'on lui fait.

J'ai vu, dans une soirée de trente-cinq personnes, un somnambule pouvoir, par le contact, distinguer sept personnes de la même famille en les séparant des autres spectateurs; lui donner dix mouchoirs et les remettre à leurs propriétaires après leur avoir pris la main; reconnaître une pièce de cinq francs magnétisée, mélangée avec dix à douze autres; une pièce de cinq francs, étant sous un vase dans une pièce voisine, la même somnambule aller droit près du vase, le lever,— et tout cela spontanément.

J'ai eu une somnambule qui était si impressionnable, qu'une personne malade, placée à cinq ou six pas d'elle, l'incommodait beaucoup, surtout lorsqu'elle était en rapport avec un autre sujet; je fus obligé de construire entre elle et le consultant, au moyen de quelques passes, une muraille; alors elle était tranquille. — Une autre fois, je l'enfermai dans une boîte que (par ma pensée), je faisais autour d'elle. Elle se mit à crier : « Qu'elle ne respirait plus. » Je n'ai eu que le temps de briser cette boîte. — Un jour, étant dans un cabinet de huit pieds sur six, je fis un mur, afin de bien l'isoler de ceux qui devaient venir la voir; dans ce moment, on m'appela; je sortis du cabinet; elle veut me suivre, mais le mur était fait, elle se cogne dessus, le contre-coup la renverse, sa tête frappe sur l'espagnolette de la croisée et elle se fait une grave blessure. Entendant crier, je me retournai et trouvai mon sujet par terre. Je le magnétisai, et, à son réveil, il fut étonné de cet accident dont il n'avait nulle conscience.

Étant dans une pièce au grand jour, ou le soir à la lumière, il me suffisait de faire des passes devant les fenêtres ou devant les lumières, pour que le même sujet se plaignît d'être dans l'obscurité. Il avait peur et voulait à toute force s'en aller. — Je magnétisai un bouton de porte, pour rendre ce bouton brûlant, et je priai le sujet d'aller chercher quelque chose. Il se méfiait toujours; cependant il y va, touche légèrement le bouton, puis retire sa main, le touche une seconde fois et la retire de même, en disant : « Ça brûle ! — Non, lui dis-je; allez donc ! » Il fait un effort par un mouvement brusque, ouvre la porte et se sauve en tenant son poignet qu'il dit avoir *foulé ;* il pleurait abondamment. Je vais à lui et lui dis : « Ce n'est rien ; vous savez bien qu'une foulure se guérit en une séance. » Et en effet, cinq ou six passes le rendirent content.

Il suffisait que je fisse une ligne avec le doigt sur le parquet, pour qu'elle ne pût dépasser cette ligne. — Je la mettais en prison, en l'enfermant dans un mur assez étroit, bâti autour d'elle, à quatre pieds d'élévation; elle se désolait; mais, comme dans cet état elle était assez gourmande, je la calmais en lui passant, par-dessus le mur, des petits gâteaux et du bon vin, faits avec des morceaux de pain et un demi-verre d'eau magnétisée : repas qui ne me coûtait pas cher. — Pour la faire sortir, je faisais une brèche très-étroite au mur; elle se faisait le plus mince possible, serrait sa robe autour d'elle, passait de l'autre côté et se trouvait très-heureuse d'être libre.

Cette somnambule ne se trompait pas en touchant les petits flacons de globules homéopathiques; elle disait quelle était la substance employée comme base du médicament et quand c'était un végétal; s'il avait été fait avec la feuille, la fleur ou la racine; et dans quel cas il pourrait être employé. Elle en ressentait même tous les symptômes; quelquefois, en cherchant un peu, elle disait le nom du médicament. Cela se passait devant un médecin homéopathe, qui n'en revenait pas.

Un jour, elle me dit : « Je ne sais pas ce que j'ai, je suis énervée; est-ce que vous ne pourriez pas me faire voir quelque chose comme une bataille, qui me donne beaucoup de mouvement ? —

Je vais vous envoyer en Algérie; on s'y bat en ce moment; vous verrez une fusillade diabolique; le canon, la mitraille, le bombardement, la cavalerie, les fanfares; voilà, nous sommes arrivés. » Cela se passait dans un couloir de huit pieds de large sur quarante de long; des portes donnaient dans ce couloir. Il est impossible de raconter tous les mouvements du sujet. Il se mêla aux combattants, fit le coup de fusil, se retrancha dans les portes, se battit à coups de sabre; enfin, après une demi-heure d'évolutions, reçut un biscaïen au genou, tomba et se traîna par terre jusqu'à un banc qui était à dix pas de lui et s'y reposa; je vais le panser, il se met un mouchoir à la jambe et recommence. Huit à dix personnes étaient à l'un des bouts du couloir à regarder cette scène. Enfin, un orgue de Barbarie arriva dans la cour et mit fin à la bataille. — Je dis à l'un des assistants que mon sujet allait entendre cette musique : c'était un air de valse; j'attirai les sons pour les reporter à son oreille. En entendant la musique, elle s'arrêta, écouta et chercha partout un valseur; je lui fait faire deux ou trois tours, je la laisse reposer un peu et la réveille tout étonnée de sentir un mouchoir autour de son genou.

C'est donc un tableau tout d'imagination que j'ai voulu faire voir à ce sujet; il l'a vu : pour lui, c'était une action véritable. Ce sont ces sortes de faits qui trompent beaucoup de magnétiseurs trop enthousiasmés, et surtout les spiritualistes : ils spiritualisent leurs somnambules, qui ne sont plus que les échos de leur imagination. De là les divergences de tous les somnambules entre eux. —

Restons magnétiseurs religieux, car on n'est pas magnétiseur, si tout ce qu'il y a de vrai dans le magnétisme et le somnambulisme n'inspire pas des idées saintes et si l'on n'en remercie pas tous les jours le Créateur. — Lorsque je magnétise un malade, je demande à Dieu de m'aider à le guérir ou du moins à le soulager.

Ces mêmes somnambules, à qui on peut faire faire des voyages d'imagination, sont susceptibles de voyager et de réellement bien voir.

Il y en a qui peuvent, à leur réveil, voir des choses qui n'existent pas, ou avec lesquels vous pouvez transformer des faits.

Je fais compter les personnes assises devant mon sujet. (Il y en a douze.) Je demande celle que l'on veut que je rende invisible ; je fais quelques passes sur cette personne, je réveille le ou la somnambule et lui demande : « Combien voyez-vous de personnes devant vous ? — Onze. — Il y a donc une place vide ? — Oui. — Où la voyez-vous ? — Là ; et elle désigne. — Allez vous asseoir à cette place ; ce qu'elle fait sans difficulté. Êtes-vous bien ? — Mais pas mal. » Je dégage, par la volonté, le sujet, et le prie de regarder le dossier de son siége ; sa surprise est si grande, qu'il se sauve en se cachant la figure dans ses mains.

Vous pouvez faire disparaître des lumières (quatre ou cinq bougies) ; faites désigner celles qui doivent disparaître ; magnétisez celles qui vous sont désignées ; réveillez la somnambule et demandez-lui combien elle voit de lumières. Elle ne verra pas celles que vous aurez magnétisées. Vous pouvez faire disparaître un meuble, une glace, une pendule, avec la même facilité, les changer de place après le réveil. — Je disais à un jeune somnambule, en le réveillant : « Comme tu as la figure noire! Il va pour se regarder à la glace. — Vous l'avez donc ôtée? — Oui, lui dis-je, je l'ai mise à une place, cherche. — Tiens! vous l'avez mise en face; on ne s'y voit pas bien, elle était mieux où elle était, elle était à faux jour. » Je le dégage pendant qu'il a le dos tourné, et, à son grand étonnement, il la revoit comme d'habitude. — Une autre fois, c'était une pendule que je faisais disparaître; une autre fois, la pendule était restée en place ; il voyait les aiguilles, mais il ne voyait pas les numéros et ne pouvait m'indiquer l'heure. « Voilà une drôle de pendule! » me disait-il.

Vous pouvez par votre pensée figurer des vases de fleurs sur un meuble, à côté d'une pendule, et votre sujet les verra. — Vous pouvez laisser à un des assistants le corps et la tête, et lui faire disparaître les jambes. Votre sujet trouvera cela très-drôle. Vous pouvez changer la tête d'une ou plusieurs personnes : vous mettez à l'un une tête de mouton, à une autre une tête de singe, de cerf, etc... Enfin vous pourriez faire une ménagerie, de votre auditoire, et le somnambule sera convaincu que les animaux de la création défilent devant lui.

Vous pouvez encore faire oublier au sujet ses noms de famille et de baptême ; c'est en le réveillant que vous avez cette volonté. Demandez-lui ses noms : « Comment vous appelez-vous? Il cherche. — C'est étonnant, je ne le sais pas.— Et votre nom de baptême? — Je ne me le rappelle pas non plus.— Et votre père, comment s'appelle-t-il? — Mais j'ai donc perdu la tête, je n'en sais rien. » Il allait pleurer ; je le dégageai vivement en reprenant une autre volonté.

Ces sortes d'expériences doivent se faire aussitôt après le réveil ; les sujets sont encore pendant 7 à 8 minutes sous l'influence magnétique, surtout si on ne les dégage pas très-bien ; les yeux sont seuls ouverts, mais le cerveau, le corps, sont encore sous la puissance du magnétisme.

Pour faire les expériences dont je viens de parler, il faut employer beaucoup de prudence et bien connaître son sujet. Deux exemples suffiront.—Il s'agit d'un jeune somnambule de 13 à 14 ans, auquel on avait à son réveil composé une ménagerie de bêtes féroces. Cet enfant en fut effrayé ; il se sauva, les yeux hagards, en criant à tout rompre ; on ne put le ramener, et l'on eut une peine infinie à le rassurer : il se croyait toujours poursuivi.

Une autre somnambule, à laquelle en se réveillant on fit voir un homme à qui on avait ôté la tête, en a été si fortement impressionnée, qu'une crise nerveuse extrêmement compliquée, qui dura plus de deux heures, en fut la conséquence.

Je pourrais ajouter bien d'autres expériences, mais il me semble avoir assez détaillé les différents caractères des somnambules pour juger du parti qu'on peut en tirer ; puis tout dépend d'ailleurs de l'intelligence du magnétiseur et de l'habitude de diriger ces somnambules.

J'ajouterai que beaucoup de somnambules pourront faire en petit comité des choses charmantes, tandis que dans une grande réunion elles pourront manquer la généralité de ces mêmes expérien-

ces, surtout avant d'être habituées à un public nombreux, qui n'a pas toujours la patience, l'aménité
que réclame un état si extraordinaire.

Beaucoup de somnambules et beaucoup de personnes qui ne peuvent dormir, sont susceptibles
d'éprouver les effets d'attraction et de répulsion,
avec des degrés d'intensité plus ou moins pronon-
cés ; sur de certains sujets ces effets sont si forts,
que l'on peut les attirer au travers d'un mur : le
magnétiseur étant dans une autre pièce, le sujet
viendra se coller comme une affiche ; on a quelquefois de la peine à l'en détacher ; le magnétiseur est
obligé de passer la main entre le dos du sujet et
le mur pour séparer l'un de l'autre.

L'attraction peut aussi se faire sur chaque membre l'un après l'autre, ou les deux bras à la fois,
ou les deux jambes à la fois ; les membres se trouvent raidis : c'est ce que nous appelons la catalepsie
artificielle ; il y a généralement, dans cet état, insensibilité complète ; on pourrait piquer, pincer,
couper, faire des opérations chirurgicales sans que
le malade éprouve la moindre sensation. J'en citerai un exemple :

OPÉRATION CHIRURGICALE. — INSENSIBILITÉ
PRODUITE AU MOYEN DU MAGNÉTISME.

« Le mercredi 27 mai 1846, à 4 heures 40 mi-
« nutes de relevée, M. le docteur Loysel, aidé de
« M. le docteur Gibon, et assisté de trois autres
« médecins, a pratiqué, avec un remarquable ta-
« lent et une réussite complète, l'opération ci-après
« décrite, sur le sieur Raysset (François), âgé de

« 18 ans, mis préalablement dans l'état de som-
« meil magnétique et d'insensibilité absolue par
« M. Delente son magnétiseur. Cette opération a
« été faite en présence d'un grand nombre de
« spectateurs, attirés moins par la curiosité que
« par l'intérêt qu'inspire un moyen si utile à l'hu-
« manité.

« Dès 4 heures, le malade, assis dans un fau-
« teuil ordinaire, est magnétisé par M. Delente,
« qui l'a déjà mis plusieurs fois en somnambu-
« lisme magnétique. Après deux minutes environ,
« les yeux du sujet se ferment peu à peu; les pau-
« pières supérieures, agitées d'un léger tremble-
« ment, s'appuient avec force contre le globe de
« l'œil, lequel paraît se convulser sous l'arcade
« sourcilière. Les muscles du cou se relâchent
« mollement; la tête s'incline en arrière, et se
« porte sur le dossier du fauteuil. Le malade se
« tient les deux bras croisés sur la base de sa
« poitrine; son *facies* exprime la quiétude la plus
« absolue. Alors le magnétiseur fait pénétrer, à
« plusieurs reprises, un long stylet dans les chairs
« du patient qui ne paraît point s'apercevoir de
« l'expérience à laquelle il est soumis.

« Cependant M. le docteur Loysel a préparé ses
« instruments, et les médecins dont il est assisté
« se sont mis en mesure de seconder l'opérateur.
« A 4 heures 40 minutes, un premier coup de bis-
« touri fait une longue incision qui s'étend de la
« partie postérieure gauche du maxillaire inférieur
« jusqu'au-dessous de la symphyse du menton.
« Alors l'opérateur dissèque avec précaution une
« masse considérable qu'il ne tarde pas à extirper,

» et qui présente sept glandes réunies, dont la
« plus grosse est de la forme et du volume d'un
« œuf.

« Cette première dissection n'a pas duré moins
« de dix minutes, malgré la dextérité avec laquelle
« elle a été pratiquée. Pendant ce temps, le malade
« n'a pas cessé d'être d'une impassibilité absolue :
« nulle émotion ne s'est manifestée sur ses traits ;
« son visage est toujours resté calme, et, chose
« remarquable, il n'y a pas eu la moindre décolo-
« ration du teint, le moindre froncement des sour-
« cils, le moindre signe enfin qui déclarât la plus
« légère souffrance. Et pourtant tous les assistants
« étaient profondément émus ; quelques-uns même,
« effrayés à la vue de cette énorme plaie dont les
« bords présentaient une ouverture considérable,
« n'ont pu supporter un tel spectacle, et sont sor-
« tis de l'appartement.

« Le pouls, dont l'état avait été constaté avant
« le commencement de l'opération, n'a aucune-
« ment varié : il est resté comme il était avant à
« 84, et l'ampliation de la poitrine a continué de
« se faire d'une manière régulière et en rapport
« avec les battements du cœur.

« Après un repos de dix minutes, M. le docteur
« Loysel a pratiqué une nouvelle incision du côté
« droit, et a extirpé, de la même manière, deux
« autres glandes. Le malade est resté exactement
« dans le même état que pendant la première opé-
« ration, conservant un calme et une immobilité
« inexprimables.

« Les deux opérations ont duré ensemble 29 mi-
« nutes, y compris le temps de repos. Ensuite un

« des spectateurs, que ce phénomène intéressait vi-
« vement, a questionné le malade de la manière sui-
« vante :

« — Comment vous trouvez-vous ?

« — Bien, Monsieur.

« — Souffrez-vous maintenant? Avez-vous souf-
« fert il y a un instant ?

« — Non, Monsieur, nullement:

« A 5 heures 31 minutes, on commence le pan-
« sement. Les bords de la première plaie sont réu-
« nis à l'aide de cinq épingles traversant les tissus,
« et dont l'application a duré 4 minutes. La se-
« conde plaie a été fermée par une seule épingle ;
« puis des bandelettes agglutinatives ont été ap-
« pliquées sur l'une et sur l'autre. Le pansement
« a été terminé à 5 heures 57 minutes. Alors on a
« fait disparaître de l'appartement tous les objets
« dont la vue aurait pu produire une impression
« désagréable sur le malade qui, après s'être lavé
« et habillé lui-même, a été réveillé par son ma-
« gnétiseur en moins d'une minute.

« Rendu à la vie ordinaire, le jeune Bayssel,
« dont le calme et le bien-être se maintiennent,
« déclare aux nombreux témoins de l'opération,
« qui l'interrogent avec beaucoup d'empressement
« et une vive émotion, qu'il n'a aucun souvenir,
« aucune connaissance de ce qui vient de se passer ;
« qu'il ne souffre nullement, et que, sans les ban-
« dages qui entourent sa tête, il ne se douterait
« pas que l'opération est faite. Il remercie affec-
« tueusement M. le docteur Loysel, M. Delente,
« et les médecins qui l'entourent ; puis il se retire,
« et se dirige à pied, et sans aucun appui, vers

« son domicile situé à Équeurdreville, à deux ki-
« lomètres environ de Cherbourg.

« Étaient présents à cette opération, et ont cer-
« tifié les faits ci-dessus : »

Messieurs,

Noël Agnès, sous-préfet; Obet, docteur médecin, P., membre correspondant de l'Académie de
médecine; Gibon, docteur médecin; P. Bordonne,
chirurgien de la marine; Boëlle, chirurgien de la
marine; Chevrel, avoué, membre du conseil d'ar-
rondissement; Rauline, aumônier de l'hôpital ma-
ritime; Coutance, directeur des subsistances militaires; Durand, professeur de philosophie; De
Roussel, ingénieur de la marine; Lacombe, lieu-
tenant de vaisseau; Ricard, professeur de magné-
tologie; Doisnel, propriétaire; Vergnes, enseigne
de vaisseau; Daragon, professeur; Ford, esquire
de l'université d'Éton; Auguste Jean, négociant;
Adolphe Lambert, propriétaire; L'Emprière fils,
négociant; Pesnel, Lepoivre, Lallemand, F. Grave,
habitants d'Équeurdreville; Baysset, opéré.

Les opérations subies sans douleurs, par des
malades mis en état d'insensibilité magnétique,
sont si nombreuses, qu'il y a lieu de s'étonner que
certains médecins n'emploient pas à l'occasion cet
excellent anesthésique, qui présente tous les avantages du chloroforme, sans ses inconvénients.

Quand on a placé un sujet dans l'état cataleptique, et qu'on le réveille dans cette position; il se
trouve tout surpris de voir ses membres raides, il
demande qu'on le débarrasse de cette position,
qui, du reste, ne le fait pas souffrir.

Cinq ou six personnes placées l'une devant l'autre (le somnambule dos à dos avec la dernière), peuvent être déplacées par la puissance d'attraction.

Vous pouvez magnétiser une chaise, avec la volonté d'y attacher le sujet : il ne pourra plus se relever.

Étant donné un sujet assis, si vous placez un objet magnétisé par vous par terre, à trente ou quarante centimètres de distance, vous verrez les jambes, ou la jambe (si vous exprimez cette volonté) glisser sur le parquet pour arriver à toucher cet objet ; s'il était placé trop loin, le corps serait forcé de se déranger ; il glisserait sur la chaise, et le sujet pourrait se blesser, si l'on n'y faisait pas attention.

Les sujets cataleptiques sont très-curieux à étudier, on ne cesserait pas de raconter toutes les expériences et tous les phénomènes qu'ils peuvent présenter.

Je viens d'indiquer les principaux effets physiques du magnétisme, j'appellerai maintenant l'attention de mes lecteurs sur le fait suivant. Ce n'est plus l'être matériel qui est soumis à l'action puissante du magnétiseur, mais l'être moral et intelligent. Inutile d'ajouter que dans ce cas, comme dans ceux purement matériels, le magnétisme modifie étrangement les sujets susceptibles de recevoir son influence.

Réconciliation opérée pendant le sommeil et persistant au réveil.

M. Petit, homme de 1 mètre 88 centimètres, quarante-sept ans, les cheveux grisonnants, les moustaches idem, relevant les pointes vers le ciel , ancien tambour maître , se trouvait avec un de nos collègues, M. Letur, dans une maison de Saint-Quentin où l'on parlait magnétisme; en causant, M. Petit dit à M. Letur : moi, je n'y crois pas; si vous m'endormez, je rends les armes. La proposition est acceptée, et, vingt minutes après, l'incrédule était en somnambulisme avec lucidité.

Il arriva alors qu'un M. X..., magnétiseur distingué de l'endroit, manifesta le désir de voir M. Petit, son ancien ami, avec lequel il était fâché depuis longtemps ; il en parle à notre collègue, et ils prennent jour et heure pour cette entrevue. M. Letur eut soin d'amener du monde, son intention étant de réconcilier les deux rivaux, puis il voulait savoir si le sujet distinguerait de suite par le contact. Il plaça M. Petit dans une encoignure de la chambre, mit cinq personnes en cercle devant lui; chacun le touchait et lui parlait à son tour. Tout à coup un monsieur glisse son bras et touche la main du somnambule. Celui-ci fait un bond sur la chaise en disant : « Réveillez-moi ! vous me jouez un vilain tour, vous savez que je suis fâché avec Monsieur : nous n'avons jamais pu nous expliquer ni nous entendre; nous sommes convenus de ne plus nous parler; ainsi, c'est inutile. »

Le magnétiseur se mit en tête de les réconcilier; il lui parla avec douceur, mais il ne put rien obtenir du sujet. Alors il lui fit une imposition sur la tête, ajoutant mentalement : Je le veux! Le sujet répondit : « Vous me brisez! Vous m'écrasez! Vous me faites mal! » Puis, ensuite, il prit la main de M. X.... et la mit dans la sienne, sans dire un seul mot. — Le somnambule resta sans rien dire ; puis tout à coup il se lève : « Eh bien, oui, nous ferons la paix, mais je veux lui dire ce que je pense; sortez tous. » Cinq minutes après, Petit était réveillé, tenant la main de son ami qu'il allait repousser avec colère, lorsque le magnétiseur lui mit la main sur la tête, ce qui lui rappela que la réconciliation avait eu lieu. Le sujet regarda son ami en riant et ajouta : « Ma foi, je n'en suis pas fâché. » Depuis, M. X... magnétise son nouvel ami.

Les faits de ce genre sont nombreux. C'est ainsi que des enfants, et des adultes même, enclins à tel ou tel défaut, ou livrés à telle ou telle passion, ont vu décroître sensiblement, puis céder complétement, des vices que déploraient les familles ; et cela, grâce à l'emploi du magnétisme seul.

Il se présente souvent à la société philanthropico-magnétique des malades se disant atteints d'hallucinations, d'obsessions, et même de commencement d'aliénation mentale. D'autres ont des *noirs*, voient leur existence triste, sombre, et sont comme dégoûtés de la vie. D'autres sortent d'hospices d'aliénés, et présentent ensemble ou séparément un peu de toutes les aberrations dont nous venons de parler.

Certes, la persuasion est pour beaucoup dans la guérison de ce genre d'affections; mais elle n'a pas manqué aux malades dont nous parlons. Leurs parents, leurs amis ont essayé par tous les moyens possibles de remettre en bon état ce moral attaqué et battu en brèche de toutes parts, sans que le malade puisse donner au juste des indications sur son mal.

Or, le magnétisme nous est toujours dans des cas semblables de la plus grande utilité, et nous n'avons eu qu'à nous louer de l'application que nous en faisons. Nous avons remarqué que l'on rencontrait encore assez souvent, parmi ces genres de malades, des sujets d'une très-grande sensibilité magnétique, et leur guérison en est nécessairement d'autant plus prompte.

DE LA FORMATION DES SOMNAMBULES

Tous les magnétiseurs, selon moi, ne sont pas aptes à former un somnambule; les différentes causes sont nombreuses; j'en citerai plusieurs: en première ligne, ceux qui veulent avoir un somnambule pour gagner beaucoup d'argent; ceux qui veulent en avoir pour tout faire; les magnétiseurs qui n'ont pas confiance en eux-mêmes, qui ne savent quelle direction donner aux facultés de leurs sujets, ni même les reconnaître; ceux qui, par des affaires de commerce ou autres, ont l'esprit occupé; ceux qui, par nature, ont mille projets en tête; ceux qui sont malades ou ont du chagrin, des tourments. Ces derniers ne peuvent former que des somnambules malades ou malsains; ils doivent s'abstenir de magnétiser, pouvant donner un malaise général et même communiquer leur maladie. Tout se résume dans ce peu de mots, auxquels on ne fait pas assez d'attention : Être sain de corps et d'esprit.

Puis il y a la différence des tempéraments entre magnétiseurs et somnambules qui sympathisent plus ou moins bien; selon mon opinion, un magnétiseur très-nerveux ne serait pas très-convenable à une somnambule nerveuse ; en général, les deux mêmes tempéraments ne sont pas sympathiques entre eux ; les tempéraments sanguins-nerveux, ou nerveux-sanguins sont ceux qui sont préférables pour magnétiser et qui ont le plus de chance de réussite.

Si vous rencontrez un sujet sensible qui veut essayer s'il peut passer au somnambulisme, vous le faites asseoir commodément sur un fauteuil dont le dossier est assez élevé pour soutenir sa tête ; placez-vous en face à une petite distance, plutôt assis plus haut que plus bas ; n'entrelacez pas vos jambes dans les siennes, cela prête au ridicule ; vous lui recommandez de ne pas avoir de pensées s'il est possible, de laisser tomber ses paupières si elles ont tendance à baisser, de ne mettre aucune résistance. Parlez-lui de manière à lui inspirer de la confiance, car avec de la crainte, comme avec la répulsion, pas de réussite.

Faites-vous à vous-même quelques passes dégageantes sur le front pour vous abstenir de toutes autres idées ; fixez un instant votre sujet, en lui recommandant d'avoir un regard perdu, afin de ne pas l'intimider, puis vous présentez les bouts des doigts allongés, faiblement écartés, de même le pouce, le creux de la main formant coquille ; dans cette position, le pouce se trouve en dessous du premier doigt ; vous les présentez, dis-je, devant les yeux entre les deux sourcils, à la racine du nez ; là se trouve une petite membrane qu'on nomme la table criblée, qui est percée de petits trous comme une écumoire par où passent des filets nerveux qui s'échappent dans toutes les directions : c'est de cet endroit que vous parlez ; puis vous descendez au bas du menton, vous remontez la main en baissant les bouts des doigts, comme une espèce de bascule, sans roideur ; là, le bras ne fait rien, tout est dans le jeu du poignet. Par intervalles, vous restez quelque instant devant les yeux, puis vous échauffez en plaçant le creux de la main au-dessus du front, sans appuyer ; vous pouvez vous tenir debout pour plus de facilité à envelopper la tête de vos deux mains, toujours à distance devant les oreilles, en ramenant les bouts des doigts devant le frontal ; vous pouvez faire ensuite des passes toujours des sourcils à l'épigastre par un léger mouvement de l'avant-bras et du poignet ; si les yeux se ferment, vous remarquerez si vous voyez le globe de l'œil remuer par le mouvement qu'il imprimera aux paupières ; ce serait un signe que les yeux tendent à se convulser (se retourner), ce qui serait d'un bon augure ; dans ce cas, je demande la permission de soulever la paupière pour savoir de quel côté les yeux tendent à se retourner, soit en dehors, soit en dedans, du côté du nez ; alors, par quelques passes légèrement remontantes, je cherche à faciliter le mouvement du côté où ils ont tendance à se porter. Vous placez les bouts des doigts en les rapprochant en pointe devant les deux oreilles pour les saturer de fluide avec la volonté de paralyser les nerfs auditifs. Si la personne éprouvait des secousses nerveuses trop fortes, éloignez-vous un peu, adoucissez votre volonté : on doit toujours être maître de soi ; un magnétiseur très-fort pourrait magnétiser un tout jeune enfant et lui faire beaucoup de bien, ou lui faire bien du mal s'il ne savait pas maîtriser sa volonté.

Lorsque vous aurez magnétisé de 20 à 30 minutes au plus, comme je vous l'indique, demandez à la personne comment elle se trouve? Si elle répond : bien ! si vous le pouvez, laissez-la reposer 15 à 20 minutes, elle en éprouvera un très-grand bien qui facilitera son prochain sommeil, surtout ne l'interrompez pas par des questions ; mais si vous voyez que sa respiration est gênée, faites quelques passes dégageantes devant la poitrine et l'estomac ; enfin veillez sur elle comme une mère veille sur son enfant au berceau ; puis après ce temps écoulé, avant de la réveiller, faites-lui des passes dégageantes de la tête aux pieds, quelques frictions magnétiques des épaules aux bouts des doigts ; puis prévenez-la que vous allez la réveiller, car il ne faut jamais faire de surprises pour réveiller : le meilleur procédé, selon moi, consiste à poser les deux pouces sur les paupières, les retirer à droite et à gauche en soufflant légèrement sur le front : deux fois doivent suffire avec quelques passes transversales en croisant les deux mains et les écartant vivement, en soutenant toujours la volonté de réveiller.

Répétez ces séances le plus rapprochées possible, tous les jours et à la même heure, si vous le pouvez, pour ne rien perdre de votre influence, la santé du sujet s'en trouvera bien ; ayez de la prévenance, de la patience, car le sujet seul pourra vous dire l'époque où son somnambulisme sera au complet. Ne vous en rapportez pas tout à fait à son dire, car la crainte de vous lasser lui ferait dire quelquefois un temps plus rapproché qu'il ne le prévoit, ou il pourrait se tromper, puisqu'il n'est pas complet. Dans le cours des séances, faites-lui quelques demandes, et vous verrez si elles se réalisent : c'est ainsi que vous pourrez, plus tard, juger du degré de lucidité et de la confiance que vous pouvez lui accorder ; s'il se trompe, dites-lui doucement, avec bienveillance, qu'il s'est trompé ; s'il veut vous tromper, réprimez-le avec énergie ; dites-lui que le Créateur, qui veut bien lui donner cette belle faculté de l'âme, pourrait le punir s'il voulait tromper sciemment ; que c'est cela qui a tant nui à la confiance que l'on pourrait porter au somnambulisme.

L'époque de la lucidité étant arrivée, demandez-lui où ses facultés peuvent le conduire ? ce qui lui sourit le plus, sont-ce les voyages ? les recherches ? les maladies ? Généralement le somnambule a un penchant pour l'une plutôt que pour l'autre ; ne l'influencez pas : dans tous les cas, on peut rendre de grands services ; il serait désirable que les somnambules fussent classés ; quelques-uns peuvent réunir plusieurs facultés : il en est de cela comme dans la vie ordinaire, il y a des privilégiés de la nature.

Je le répète, le somnambule se forme souvent par l'influence de son magnétiseur, avec ses goûts, ses penchants. S'il vous dit qu'il veut soigner les malades, avant de le laisser exercer avec confiance, mettez-le en rapport direct avec vos amis, vos connaissances ; voyez s'il trouve bien, ou s'il ressent le mal ; voyez comment il doit prendre le rapport, faites-lui-en la demande : tout cela doit venir de lui ; vous ne devez rien lui indiquer. S'il est lucide, demandez-lui comment il voit le remède. J'ai l'habitude de leur dire : le Créateur a mis sur la terre une masse de plantes et de minéraux, selon les climats ; il y a là-dedans, j'en suis sûr, tout ce qu'il faut pour guérir tous les maux qui nous affligent, s'ils sont bien choisis, bien appropriés, bien dosés relative-ment au tempérament, à la force du mal, à l'âge et à la force du malade. Faites-lui la comparaison des animaux, que leur instinct dirige, lorsqu'ils sont libres ou à l'état sauvage, à trouver la plante qui doit les guérir ; que le Créateur leur a donné une bien grande dose d'intelligence, surtout dans l'état de somnambulisme, et que, par cette raison, il doit lui être facile de trouver.

Il en est des somnambules comme des autres êtres ; ce que l'un fait, l'autre ne peut le faire. Dans le monde, tel qui devient bon peintre fe-rait sans doute un mauvais mécanicien, etc. A part les facultés qui ne sont pas les mêmes, il y a encore le magnétiseur, qui change la nature du somnambulisme, car le somnambule s'imprègne de la nature du magnétiseur, surtout lorsqu'il a été formé par lui et qu'il l'a gardé assez longtemps : ses idées, ses goûts se rapprochent de ceux de son magnétiseur. Si le magnétiseur est un homme vou-lant gagner beaucoup d'argent, le somnambule voudra beaucoup d'argent ; si l'un est charitable, l'autre le sera ; s'il a le désir d'obliger, de rendre service, le somnambule sera toujours prêt à rendre service ; si le magnétiseur est intelligent et ins-truit, les facultés du somnambule se développeront davantage ; on ne se fait pas une idée des soins qu'il faut mettre à la formation d'un somnambule. Sitôt qu'il dort, on croit avoir un somnambule et on l'exerce, on le fatigue de demandes de toutes natures; il vous répond souvent sans avoir le temps de la réflexion, et souvent il fait fausse route, il s'égare; celui qui l'interroge se trompe, en disant que c'est pour éprouver la lucidité; alors, le somnambule dérouté ne peut plus retrouver son chemin; ceux-là sont criminels, car ils faussent le somnambule. Si vous ne voulez pas qu'un somnambule vous trompe, ne cherchez pas à le tromper vous-même, cela est très-mauvais. Si vous voulez faire un somnambule utile, soit pour maladies, recherches ou voyages, lui apprendre à lire dans la pensée, est un procédé qui l'expose à une foule d'erreurs, souvent préjudiciables à l'objet qui l'occupe : si c'est un malade, au lieu de voir et de se mettre bien en rapport pour ressentir les douleurs, il a plus tôt fait de lire dans la pensée du malade et de faire des ordonnances qui ne sont pas convenables à la maladie, car le malade croit souvent avoir une maladie imaginaire. J'ai vu bien des malades se croire poitrinaires, qui ne l'étaient pas, et bien d'autres cas semblables; j'ai vu un malade qui avait consulté trois médecins, et chacun d'eux avait donné un autre nom à la maladie; comment voulez-vous que ce malade puisse, par la pensée, instruire le somnambule; s'il est sous la direction d'un médecin et qu'il lui ait donné l'habitude de lire dans sa pensée, l'ordonnance sera conçue d'après la formule du médecin, il n'aura pas la peine de chercher dans le grand livre de la nature.

Si c'est la recherche d'un objet égaré, perdu ou volé, d'un trésor enfoui, il est presque certain que le consultant a toujours une idée préconçue, le somnambule vient le confirmer, il sera satisfait, mais le résultat n'aura servi qu'à lui faire perdre de l'argent ou à porter un jugement téméraire sur tel ou tel individu ; il s'ensuit une foule de désagréments qui peuvent souvent aller plus loin que l'on ne voudrait.

Pour voyage ou vue à distance, si la personne qui le conduit est bien pénétrée de tous les endroits où il faut passer, ou des objets qu'il doit désigner, alors il ira très-bien ; dans le cas contraire, le somnambule divaguera, et se fatiguera inutilement.

Si le magnétiseur veut faire un somnambule vraiment utile pour maladies, recherches ou voyages, car on peut rencontrer tout cela sans le secours de la lecture dans la pensée, en développant les facultés qui sont en lui, et qu'il faut savoir étudier avec discernement, patience et une grande dose de bienveillance, sans le fatiguer de choses oiseuses, qu'il mette plus de temps à sa formation, avant de le livrer à la curiosité de connaissances ou du public qui le détraquent, surtout s'il est impressionnable, ce qui m'est arrivé sur une bonne somnambule déjà bien avancée. Un monsieur, qui m'avait fait demander d'assister à mes petites séances intimes, opposait, sans que je m'en aperçusse, une volonté contraire à tout ce que je voulais obtenir ; ainsi, par exemple, si je voulais la faire asseoir sur une chaise désignée par ma volonté, la personne voulait une autre chaise ; ma volonté prévalut, mais elle y alla après avoir bien trébuché comme une personne ivre ; il me pria de le mettre en rapport avec elle, j'y consentis et je m'occupai d'autres somnambules. Un instant après, je vois ma somnambule toute tremblante, me disant : Je ne sais pas ce que j'ai, mais ce monsieur me fait mal. Je le priai de se retirer : j'ai été bien puni de ma complaisance, car, le lendemain, plus de somnambule : elle a été cinq mois sans recouvrer sa lucidité ; j'ai su depuis que ce monsieur était médecin.

Si vous avez besoin, ou envie d'avoir une somnambule pour faire des expériences, habituez-la à lire dans la pensée, mais ne la faites servir qu'à cela. Elle obéira naturellement à tout ce que le magnétiseur voudra lui faire faire ; étant en rapport avec une personne, elle pourra lui dire son caractère, ses habitudes, son âge, ce qu'elle a fait, ce qu'elle a l'intention de faire dans l'avenir, elle dira le nom de la personne sans la connaître ; si elle a des enfants, le sexe et l'âge ; si elle a égaré un objet, des papiers ; elle pourra parler des langues étrangères, en répétant mot pour mot ce que vous dites ; même les gestes, si vous en faites, seront répétés par elle ; en général, ces sujets sont très-intéressants.

On pourrait les rendre très-utiles, je dirai même qu'ils pourraient servir à moraliser le monde. Voilà comme je le comprends : on a arrêté une personne comme soupçonnée de vol, faussaire ou criminel, déjà quelques renseignements viennent donner un commencement de preuves ; si vous mettez le voleur ou le criminel en rapport avec le somnambule, qui voit dans sa pensée, qui est comme s'il était le voleur ou le criminel lui-même, il pourra vous dire ce qu'il a fait des objets volés, comment il s'y est pris pour les soustraire, s'il a eu des complices qui l'ont aidé ; s'il recherche toujours dans la pensée rétrospectivement, il saura si c'est la première fois que cela lui arrive et quels sont les fautes ou les crimes du passé, il vous donnera des détails ; si c'est un meurtre ou une tentative, il dira comment cela a commencé, quel est l'instrument dont il s'est servi, où il l'a caché, enterré ou jeté ; alors vous pourrer vous renseigner, vous vérifierez si les preuves existent. — Loin de moi la pensée de trouver un fondement suffisant dans l'accusation d'une somnambule ; la lucidité n'est pas constamment sûre ; une indisposition, légère en apparence, une petite contrariété, une mauvaise direction donnée à l'affaire peut la déranger ; mais, sur cent cas, vous obtenez quatre-vingts résultats heureux et vingt mauvais ; d'ailleurs le prétendu coupable, en démontrant son innocence, peut vous mettre sur la trace du véritable ; par ce moyen vous abrégez beaucoup vos recherches. C'est donc à titre de renseignement seulement que l'on devrait employer les allégations des somnambules ; et c'est à cette intention qu'on doit former le somnambulisme, à lire dans la pensée. Vous rencontrez des sujets qui sont prédisposés spécialement à cet usage : qu'ai-je fait hier ? où dois-je aller demain ? Pour les habituer, prenez un objet renfermé dans votre main, faites cette question : Qu'est-ce que je tiens ? Voyez dans ma pensée ? Ayez la volonté de faire changer le somnambule de place ; qu'il aille chercher un objet, n'importe lequel, qu'il le porte à une autre place, qu'il le dépose sur une personne. Commencez toujours par des choses simples, continuez par de plus compliquées ; comptez l'argent que j'ai dans ma poche ? Sachez-le toutefois ; déplacez les aiguilles de votre montre , et demandez ensuite l'heure qu'il est. On peut varier à l'infini ; on peut encore aller cacher un objet et poser cette question : J'ai caché quelque chose, dites-moi ce que c'est ? puis , où l'ai-je caché ? Voyez ? Servez-vous de ces procédés, recommençant souvent, sans fatiguer toutefois le sujet qui finit par prendre l'habitude de lire dans votre esprit comme dans un livre.

Sur cent sujets somnambules, pris au hasard, on n'en trouverait pas dix de réellement bons, la faute en est, très-souvent, pour ne pas dire toujours, aux magnétiseurs dont une grande partie pourraient s'appeler des endormeurs, ce qui est très-regrettable, car sur ces cent somnambules, on pourrait en trouver 50 ou 60, doués d'une bonne lucidité, en les classant, au préalable, par catégories.

On ne saurait citer parmi les faits qui démontrent la gradation progressive du somnambulisme, un plus intéressant que le récit suivant, extrait d'une brochure du docteur Despine, médecin des eaux d'Aix en Savoie. Il s'agit d'une jeune personne, atteinte d'une paralysie générale, chez laquelle, comme il arrive souvent, les phénomènes somnambuliques se sont produits sous forme d'accidents d'un état morbide.

QUELQUES INCIDENTS DE LA CURE DE MADEMOISELLE ESTELLE P***.

« Il serait trop long de décrire tout ce qui s'est passé de remarquable chez notre intéressante malade, dès que le magnétisme a joué un rôle dans son traitement. Chaque jour nous a présenté de nouvelles merveilles qui se liaient l'une à l'autre comme les anneaux d'une longue chaîne. Cependant, comme il est indispensable d'en connaître la filiation, pour se faire une juste idée de la marche de la nature dans la marche graduelle des phénomènes de l'extase, de la catalepsie et du somnambulisme, je grouperai par époques, afin de mieux en saisir l'ensemble, les faits de détail.

« Chez Estelle, comme chez tous, j'ai rencontré une indépendance absolue de la pensée, et la volonté la plus inflexible, sentiment, sans doute, inspiré aux somnambules par la promptitude de leur jugement : résultat naturel du développement si extraordinaire de leur intelligence dans un état qui leur fait embrasser, tout à la fois, le passé, le présent et l'avenir pour tout ce qui les concerne personnellement. De là cette irascibilité extraordinaire quand on les contrarie... ne pouvant pas concevoir, sans doute, que ceux qui les entourent ne voient pas comme eux, dans des choses qu'ils voient si bien et si clairement eux-mêmes. De là cette volonté inflexible, dont la seule contradiction peut leur faire le plus grand mal, ou de là encore l'esprit d'espièglerie qui se manifeste dans ce singulier état, et qui fait que le malade cherche à mettre en défaut tous ceux qui veulent le taquiner ou le prendre en défaut lui-même.

« Les phénomènes qui se sont successivement montrés sont : la sensation réelle d'un fluide sortant de mes doigts et agissant sur la malade d'une manière très-remarquée ;— des visions fantastiques;

— l'exaltation de la sensibilité dans les cinq sens, l'appétence de la neige; elle se baigne et se délecte dans cette espèce de bain glacial pendant le somnambulisme, elle qui, dans l'état de veille, ne peut vivre qu'au milieu des ouates et des duvets.— Certaines personnes, même celle qui est la plus chère à son cœur (madame sa mère) lui répugne quand elle est en crise. — Chaque individu qui se trouve à sa proximité exerce de la sympathie ou de l'antipathie sur elle, mais à des degrés différents.

« Développement remarquable de l'intelligence, de la mémoire, de l'imagination et de toutes les facultés physiques et morales, pendant l'accès ou crise. — Retour à l'état ordinaire, après l'accès ; Estelle indique journellement ce qu'exige sa santé. Le moindre retard apporté à ses prescriptions somnambuliques rend ses crises plus fortes et augmente ses contractions et son irascibilité.

« Elle prescrit de ne pas la faire sortir de son état de contemplation ou de syncope, quand elle s'y trouve : parce que, dit-elle, elle s'y occupe de sa guérison.

« Une clef de montre, toute de fer ou de cuivre, lui fait moins de mal qu'une clef de deux métaux différents réunis ensemble, soit par juxta-position, soit par soudure ; elle éprouve une impression différente à toucher du verre, de la terre de pipe ou de la porcelaine : le verre la brûle, la terre de pipe lui paraît froide et la porcelaine tiède.

« Le 12 février, elle entend par le poignet, même en lui parlant à voix très-basse, et ce jour-là elle commence à prendre des douches écossaises, allant à pied et revenant de même pour la première fois, prétendant que sa chaise à porteur lui ferait mal.

« Le 24 février ont paru pour la première fois sur la malade les phénomènes de l'irritation ; les crises se sont assez généralement montrées et surtout partagées en quatre états différents bien caractérisés, savoir : la crise active, le somnambulisme mort ou syncope ; la catalepsie ou l'état cataleptique, et l'irritation. Puis les subdivisions des phénomènes de l'écho, d'attraction et de répulsion.

« Mais ce qui paraît singulier, c'est que les aliments, pris en abondance dans les crises, ne paraissaient pas, le moins du monde, la rassasier pour le temps de veille, *et vice versâ*.

« Le résultat a été la guérison complète. »

Les somnambules se forment sous l'influence du premier magnétiseur, surtout quand ils l'ont gardé longtemps. Une somnambule que je formais avait, dès le début, l'intention de se dévouer au soulagement des malades. Une de ses amies voulait également devenir somnambule ; mais la personne qui la magnétisait, tout entière livrée aux spéculations de bourse, ne voyait dans son sujet qu'un guide propre à la diriger dans les sentiers épineux de la hausse et de la baisse. Aussitôt que les premiers symptômes de lucidité se furent manifestés chez la somnambule, le magnétiseur de demander : « Voyez-vous la Bourse ? — Oui, mais un peu trouble ; la lumière viendra. » Quelques jours après, la lumière était venue. « La rente va monter ; le Grand-Central va descendre ; les reports vont mal. » On vérifie ; elle avait parlé d'or. « Notre fortune est faite à tous deux ; dit le magnétiseur. Et de jouer avec l'audace d'un croupier qui a trouvé une martingale ; il gagne d'abord, deux fois, trois fois même. Puis il se met à perdre, comme devant. Alors la somnambule, devenue inutile, fut abandonnée : elle ne pouvait plus servir à rien de bon, gâtée qu'elle était, dès l'origine, par le magnétiseur qui l'avait formée. Elle avait fini par s'identifier avec lui, au point de partager ses illusions et de ne voir pas plus clair que lui : ils étaient pourtant tous deux de bonne foi. Le hasard suit quelquefois le somnambulisme ainsi dirigé, mais il ne peut présenter aucune garantie. D'ailleurs, on doit reconnaître que le Créateur n'a pas dû permettre qu'on fît un mauvais usage d'une aussi précieuse faculté.

Une jeune somnambule, formée au milieu d'une pharmacie anglaise, avait fini par acquérir une certaine dose de lucidité médicale : elle établissait le diagnostic avec une rare précision ; mais tous ces remèdes étaient tirés de la pharmacie, et, en particulier, du laboratoire où elle était née ; elle s'y transportait mentalement au moment de commencer ses prescriptions, et n'en sortait plus avant de les avoir terminées.

Pour un médecin, le meilleur sujet serait celui qui, par la seconde vue, pourrait découvrir le mieux le système intérieur du corps, et saurait diagnostiquer un état morbide en conséquence ; Alexis était de ce nombre. Mais il serait inutile, et même dangereux, qu'il eût des prétentions thérapeutiques : dans ce cas, il y a quinze chances sur vingt, pour qu'il ne soit qu'une seconde édition du magnétiseur.

J'ai connu un médecin qui, pour éviter cet inconvénient, se retirait au moment où sa somnambule était arrivée au chapitre des prescriptions.

Notre pratique nous fournirait encore, pour le besoin, plus d'une observation relative à la formation des somnambules. Mais elles ne seraient qu'une série non interrompue de démonstrations expérimentales, à l'appui de ces quelques aphorismes.

La nature du magnétiseur est d'une importance capitale pour les résultats de l'éducation du somnambule.

Peut-être, est-ce moins l'organisation du sujet ou de l'agent qui détermine les conditions du somnambulisme, que la relation qui existe entre les deux.

Il faut suivre, dans les questions que l'on fait aux somnambules en voie de formation, la gradation que la nature a mise dans les progrès de leur lucidité.

Il ne faut jamais perdre de vue que l'on a entre les mains le plus délicat des instruments : la plus grande prudence est une précaution nécessaire, au double point de vue de l'humanité et de l'intérêt scientifique.

DIXIÈME LEÇON

—

QUELQUES OBSERVATIONS SUR LE MESMÉRISME

Dans ce cours, œuvre sans prétention littéraire ni même scientifique, modeste recueil des observations d'un vieux praticien, j'ai rarement suivi une méthode. Je désire plutôt former des élèves au magnétisme philanthropique que des écrivains à la théorie philosophique. Après avoir épuisé une première série de leçons, je continuerai, dans une seconde, fruits d'études ultérieures, à présenter des faits, toujours aussi vrais, mais qui, dans un classement régulier, auraient pu trouver précédemment leur place. Ils n'auront souvent d'autre suite que celle de ma pratique elle-même, qui, la plupart du temps, ne s'est imposé d'autre devoir que celui de faire le bien, quand l'occasion s'en présentait : je me suis toujours appliqué à guérir, plutôt qu'à créer une science. Je commence.

Un magnétiseur, très-sensible lui-même à l'action mesmérienne, a fait les remarques suivantes, que je recommande à l'expérimentation.

En promenant ses doigts sur un malade, si l'on éprouve une sensation de froid aux extrémités, ce symptôme sympathique dénote, chez le patient, une obstruction, un engorgement quelconque, la stagnation des fluides essentiels du système. La chaleur accuse inversement une inflammation, ou une tension des fibres.

Si le magnétiseur éprouve des picotements en touchant la tête ou les bras, ce signe trahit, chez le sujet, la présence de la bile, une certaine âcreté de sang.

L'engourdissement de la main qui opère, indique une circulation gênée dans le système du malade; une sensation de fluctuations, un mouvement du sang ou une évacuation prochaine.

Le relâchement des nerfs malades détermine une sorte de faiblesse dans la main ou dans le poignet de l'opérateur; la présence des vers, une espèce de pincement dans les doigts.

Magnétisez de la main droite, en tenant le pouls de la main gauche; et quand, en passant au-dessus d'un des organes du malade, vous éprouverez une augmentation de pulsation, vous aurez trouvé le siége de l'affection.

La présence des glaires dans l'estomac du malade, produit chez le magnétiseur la sensation d'un fil qui lui serrerait le doigt.

Je garantirais moins ces résultats que les suivants.

Une de mes plus énergiques convictions, c'est que beaucoup d'enfants meurent, et d'autres sont estropiés pour la vie, faute d'avoir été, depuis leur naissance, soumis à l'action magnétique, jusqu'au moment où commence pour eux la période de formation. Rien n'est propre à les développer, à les faire grandir droits et forts, comme cette communication établie entre la nature complète et la nature en travail. Certes, la génération actuelle ne paraîtrait pas étiolée comme elle le paraît, si la pratique était plus répandue de cette médecine providentielle. Dans ces hôpitaux, destinés à l'enfance, quel service rendraient à la société ces bonnes sœurs inspirées et guidées de Dieu, si elles employaient à magnétiser cette charité brûlante qui les soutient dans leur rude sacrifice. Quel rayonnement salutaire répandu sur ces rejetons d'une race démoralisée et chétive, que celui de ces âmes pures dans des corps fortifiés par la sobriété et la continence!

Je pourrais citer bien des preuves à l'appui de cette doctrine. Combien d'enfants atteints de convulsions, souvent de maladies abandonnées, n'ai-je pas vu revenir, après quelques magnétisations, pleins de vie et de santé, dans les bras de leurs mères pleurant de reconnaissance. Le numéro du 10 février 1855, de *l'Union magnétique*, raconte dans tous ses détails la cure d'un enfant hydrocéphale, par le mesmérisme, aidé de la lucidité somnambulique.

« L'enfant dont il s'agit naquit fort, plein de vie, et d'une carnation riche. Des abcès formés au sein de sa mère, qui n'avait jamais nourri, rendirent indispensable d'envoyer l'enfant en nourrice au bout d'un mois. Il fut placé dans les environs de Meaux. Un mois après on reçut l'avis que sa tête croissait démesurément: il fallait tous les huit jours changer ses bonnets pour de plus grands. Le curé du pays déclarait qu'il avait de l'eau dans la tête. Quinze jours plus tard, il eut des convulsions qui mirent sa vie en danger. La mère était effrayée de voir ainsi grossir la tête de son enfant, dont le regard était devenu faux et louche. Cependant, quelques jours de calme la rassurèrent un peu. Enfin, je l'accompagnai dans un de ses voyages auprès de son enfant. Rien ne peut rendre l'effet que produisit sur nous l'aspect de cette tête disproportionnée, et qui convenait à un enfant de deux ans au moins ; de ces yeux blancs, dont les prunelles cherchaient la paupière inférieure. Nous fîmes immédiatement ramener l'enfant à Paris et nous appelâmes M. le docteur F., médecin, dont la capacité spéciale est reconnue de tous. L'enfant était hydrocéphale. Que faire contre cette maladie ? Il y a un traitement possible : mais le résultat le plus certain qu'on en puisse attendre c'est une souffrance trop forte pour cet âge. M. F. nous adressa au docteur T., professeur de la Faculté, en nous recommandant de lui apporter l'avis exact de l'illustre médecin. En voici la copie textuelle :

« Je ne sais que bien peu de chose à opposer à cette cruelle maladie. Je proposerais à mon honorable ami, M. le docteur F., les moyens suivants :

« 1° Tous les deux jours, jusqu'à nouvel ordre, peindre la tête avec de la teinture d'iode, étendue de son poids d'alcool.

« 2° La tête sera très-exactement mesurée tous les huit jours, et si elle continue à prendre du volume, après six semaines de traitement, on l'entourra de bandelettes de diachylum qui seront renouvelées deux fois par semaine. Ces bandelettes seront mises de façon à faire une compression latérale, et à envelopper toute la tête comme une capeline.

« Paris, 29 janvier 1856.

« A. T. »

8

« Le savant docteur fit des reproches à la nourrice ; l'état de l'enfant provenait de l'une des trois causes : ou elle l'avait laissé trop crier ; ou elle lui avait trop donné à manger ; ou le lait était mauvais. La mère lui demanda quel espoir lui restait. Sur cent enfants, on en sauve rarement un. L'enfant avait trois mois et dix jours.

« Nous en appelâmes de cet arrêt au magnétisme, qui produit si souvent des guérisons inespérées. Parrain de l'enfant, j'avais choisi pour marraine madame Fleurquin (1), dont la lucidité somnambulique a été d'un si grand secours à tant de malades abandonnés, et dont le dévouement sympathique est assuré à toutes les souffrances. L'enfant fut magnétisé deux fois par jour, le matin et le soir. Sous l'influence de ce traitement, sa tête cessa de croître ; l'inflammation disparut : les sérosités céphaliques étaient entraînées dans le torrent de la circulation générale : madame Fleurquin, dans l'état de somnambulisme, produisait ce travail bienfaisant, et l'accélérait par son action magnétique. Le corps prenait un développement extraordinaire. L'enfant était sauvé, quatre mois avaient suffi à ce traitement.

« Néanmoins on continua de le mesmériser une fois par jour, pendant un mois, puis deux fois par semaine. A dix mois, l'enfant pesait 12 kil. 50. Il a maintenant 14 mois, et toutes les mères s'arrêtent devant lui, avec une jalouse admiration, aux Tuileries, où il aime à être promené tous les jours, et

(1) Depuis l'époque où a été écrit cet article, nous avons eu la douleur de perdre madame Fleurquin ; la science et l'amitié ne pouvaient faire une perte plus regrettable.   MILLET.

dans ma maison de bains dont tous les clients le voient mouvant et gai, du matin au soir. Tout en lui dénote la vitalité, l'intelligence et les bons penchants. Puissé-je vivre assez longtemps pour assister à la réalisation des promesses que la nature fait à cet enfant, sauvé, contre toute espérance, d'une perte prématurée.

« Mille fois merci à ma bonne commère, madame Fleurquin, dont la lucidité et le dévouement ont tant contribué à rendre un enfant à sa mère. Endormie ou éveillée, elle sait être utile et secourable.

« Tous les membres de la Société philanthropico-magnétique, parmi lesquels se retrouvent trois médecins distingués, peuvent attester ce miracle du magnétisme : ils ont vu l'enfant malade, ont constaté son état à cette époque. Ils le trouvent bien portant toutes les fois que nos réunions hebdomadaires les appellent dans ma maison qui en est le siége. »

On ne saurait croire quel rôle joue dans le magnétisme l'influence morale. Toutefois, je ne crois pas, comme certains magnétiseurs, que ce genre d'action suffise : les passes dirigées par une volonté convenable sont nécessaires, dans bien des cas, et jamais, faites à propos, elles ne sauraient nuire. La circulation surtout peut y trouver un puissant auxiliaire ; je n'appelle pas seulement circulation le mouvement artériel et veineux, j'étends ce mot à tous les fluides de la vie ; pour moi, la digestion elle-même est une sorte de circulation que peut accélérer le magnétisme quand elle est ralentie ; faciliter quand elle est embarrassée. Peut-être dans les maladies mentales, la volonté à-t-elle un rôle plus important; encore faut-il que le magnétiseur ait la confiance de son malade; dans le cas contraire, son action fait l'effet d'un médicament pris à contre-cœur.

Cependant un magnétiseur de ma connaissance a guéri un homme dont la main avait été mutilée et le pouce broyé, d'où il résultait de vives douleurs dans la région du bras. On parlait de le lui couper; mais le malade préféra souffrir six mois plutôt que de subir cette opération. Le magnétiseur le rencontre, offre de le traiter, est accueilli, en promettant de réussir. Une première magnétisation a lieu. Mais le malade, obligé de voyager pour ses affaires (il était commis voyageur), ne pouvait suivre un traitement magnétique dans les conditions ordinaires. Le magnétiseur lui dit : Partez, n'importe où nous serons tous deux, pendant quinze jours, je vous magnétiserai à neuf heures du matin et à neuf heures du soir durant un quart d'heure. Mettez-vous donc en ce moment dans quelque endroit isolé et pensez que j'agis sur vous à distance. Un mois après le malade était parfaitement rétabli : le moral soutenu par la confiance avait réagi sur le physique; et, la nature aidant, la guérison était devenue complète.

Mais ces exemples sont rares; certains prétendus esprits forts ne seraient pas susceptibles d'éprouver ces effets singuliers d'une puissance dont on ignore encore la mesure, la forme et les lois générales.

Le mesmérisme a souvent été appliqué avec succès au traitement des fractures, qui sont si souvent l'écueil de la thérapeutique médico-chirurgicale.

Madame X.., fleuriste, rue du Petit-Lion-Saint-Sauveur, par suite d'un attentat qui avait envoyé son auteur aux galères, souffrait depuis deux ans d'une fracture au bas de la jambe; elle n'était pas sortie pendant tout ce temps : on avait été obligé de mouler sa jambe pour servir de pièce de conviction au procès. Si ce plâtre existe encore, il pourrait servir aussi de pièce de conviction à un autre procès, celui de la médecine et du magnétisme. Le pied était gonflé, tordu; les articulations avaient cessé de fonctionner : il fallait que la jambe fût constamment supportée sur une chaise.

Pour distraire la pauvre malade, on avait eu l'idée de la porter au théâtre. C'est là que la rencontrèrent M. et madame Guillot, mes amis et mes parents. En la voyant se tourmenter dans sa stalle, comme si la banquette en eût été hérissée de clous, et manifester, par sa physionomie, une souffrance cruelle, M. Guillot lui demanda la cause de son mal; elle lui donna quelques détails sur l'accident qui l'avait produit, et sur les résultats qui en étaient survenus. Il lui promit alors de lui conduire le lendemain un ami qui la guérirait. Il vint en effet me raconter cette histoire; je le blâmai de l'engagement téméraire qu'il avait pris en mon nom : garantir la guérison d'un mal abandonné par les sommités médicales! on allait me prendre pour un imposteur ou un charlatan. Je cédai cependant à ses instances, après avoir réfléchi que mes soins ne pourraient être suspects, puisqu'ils étaient gratuits, comme ils l'ont toujours été, depuis plus de vingt-cinq ans que je pratique le magnétisme.

Nous nous rendîmes chez la dame malade, qui

nous reçut bien, mais parut d'abord bien incrédule aux résultats du traitement qu'on lui proposait. « Personne, disait-elle, ne me guérira : je ne puis être guérie. » Cependant, elle finit par consentir à un essai. Je plaçai la jambe sur un petit banc, et, un genou en terre, je la pris à deux mains, en concentrant dans cette action toutes les forces de ma volonté et de mon désir de bien. Au bout de cinq minutes de cette opération, la malade se mit à pousser un tel cri de douleur que toutes ses ouvrières en furent effrayées : elle venait, disait-elle, de ressentir une commotion semblable à celle qu'elle avait reçue le jour même de l'accident. Il s'opérait, sous mes mains, un travail extraordinaire dans les muscles de la jambe, que je sentais comme rebondir. Quand j'abandonnais la jambe, cette crise locale se calmait, pour recommencer ensuite quand je la reprenais. Confiant dans les promesses de ce premier résultat, je lui dis alors : Je vous guérirai, j'en suis sûr. Je me rappelais le principe fécond de la thérapeutique mesmérienne, si profondément fondée dans la connaissance de la nature : « Pas de guérison sans crise. »

Quel changement s'opéra, alors, dans l'expression de cette figure, tout à l'heure si attristée! quel changement dans le langage de la pauvre femme! les larmes aux yeux, mais c'était cette fois des larmes de joie, la prière à la bouche et l'espérance au cœur, elle me remercia, et je promis de ne pas me faire attendre.

Je ne pouvais pas quitter ma maison tous les jours; j'y avais moi-même une malade qui m'était bien chère, ma pauvre femme, alors aveugle et paralysée. Il me fallut donc me faire remplacer, et je m'engageai à me donner un successeur qui valut mieux que moi. M. Winnen, mon honorable collègue et ami, qui, depuis trente ans, s'est fait aussi un devoir de se dévouer au soulagement de ceux qui souffrent, eut le bonheur de terminer cette belle cure, dans l'espace de quelques mois. Toute rayonnante de joie, la malade vint un jour, à pied et sans boîter, nous remercier de nos soins.

Que les magnétiseurs ne s'effrayent donc pas des douleurs que produit le mesmérisme, surtout lorsqu'il vient jeter un principe de guérison, dans une maladie chronique. Qu'ils n'aillent pas renoncer à un traitement, dont cette crise momentanée annonce le succès.

Le mesmérisme n'agit pas seulement sur le système physique. Rien n'est plus curieux que de constater les effets que produit son intervention dans le monde moral. Il y a, dans cet ordre d'idées, un avenir immense de conséquences de toutes sortes.

Voici un trait que je tiens de M. Fay, père d'une de nos artistes dramatiques les plus distinguées, madame Léontine Volnys. Ce magnétiseur avait, au milieu d'un enthousiasme peut-être un peu exalté, une droiture et une loyauté d'intentions qui donnent une grande puissance à l'action mesmérienne.

« J'ai, me contait-il, un ami, presque un frère; il est bon et aimant; mais les formes extérieures de son caractère sont singulières et lui donnent l'apparence de la dureté. Il ne trouve chez lui rien à son goût : femmes, enfants, domestiques ne savent que lui déplaire ; rien n'est à sa place ; le dîner est mauvais , etc. ; bref, on n'aime que le voir sortir : on n'est plus taquiné. Sa femme me dit un jour : —Vous qui avez de l'ascendant sur mon mari, et qui croyez tant au magnétisme, vous devriez nous rendre M. *** plus aimable. — J'y penserai, répondis-je.

« Peu de temps après, un changement extraordinaire s'était opéré dans le naturel du grondeur : son aménité surprenait tout le monde; chacun se sentait respirer plus à l'aise.

« Je prenais son chapeau, chaque fois qu'il venait chez moi, sans qu'il s'en aperçut. Et, au moyen d'une magnétisation soutenue par une énergique volonté, je tendais à le réformer, dans son défaut habituel. »

Mais la cure était incomplète, et, chose singulière, ce malade moral avait pris, sans savoir pourquoi, son médecin en aversion. De sorte que le chapeau enchanté étant devenu hors de service, l'enchanteur ne put plus continuer ses opérations, et notre homme redevint aussi insupportable que devant.

Quelle amélioration se produirait au sein de la société, si les chapeliers avaient tous soin de s'attacher un magnétiseur ! je ne parle pas des marchandes de modes.

Quelque singulier que soit, par sa forme, ce cas de médecine morale, appliquée à la conservation de la tranquillité domestique, que l'on regarde de près certains faits, et on verra combien a de force le magnétisme, c'est-à-dire l'action individuelle, qu'elle ait ou non conscience d'elle-même, dans la série des relations sociales.

Que des gens sérieux essayent d'appliquer le mesmérisme au gouvernement domestique, à l'éducation des enfants, au maniement des hommes, et ils verront, nous en sommes convaincus par notre expérience personnelle, quelles immenses ressources possède ce système de providentielle thérapeutique.

Le vice, la passion, le chagrin, sont autant d'états morbides; l'organisation morale a mille analogies avec celle du corps; certains procédés tout matériels sont employés avec succès dans le traitement des maladies mentales; pourquoi le mesmérisme, si puissant contre quelques affections dites incurables du corps, ne participerait-il pas aux heureux résultats que produisent les douches froides, les saignées, les bains de pied, dans le traitement des affections intérieures. Et puis, sait-on encore à quelle limite se restreint l'énergie de ces forces actives de l'âme, qu'on appelle charité, désir et volonté. Le mesmérisme a une double nature : c'est, en même temps, une série de moyens physiques, et un déploiement d'influences morales.

Que les élèves magnétiseurs, qui se sentiront une aptitude pour ce genre d'action, se rappellent l'aventure du chapeau de M. Fay; qu'ils méditent et expérimentent la puissance animique, avec ou sans conducteurs. Peut-être feront-ils faire quelques pas au magnétisme, dans une voie qui aboutit à bien des progrès sociaux.

Nous avons toujours pensé qu'il se cachait un phénomène magnétique dans une multitude de faits que l'on rattache à l'action morale : conversions, enthousiasmes, sont dus, selon nous, à une espèce de rayonnement du génie et de la vertu. Parmi les thaumaturges qui ont influé salutairement sur l'humanité, il est, nous sommes sûr, plus d'un magnétiseur : il n'y a rien de nouveau, sous le soleil.

ONZIÈME LEÇON

QUELQUES OBSERVATIONS SUR LE SOMNAMBULISME.

Dans la première partie de ce cours, nous avons indiqué les précautions nécessaires aux personnes qui désirent former des somnambules aux différentes aptitudes de la lucidité magnétique. Nous allons ajouter à ces préceptes fondamentaux quelques autres renseignements, propres à les compléter.

Il arrive quelquefois que le sujet a de la peine à sortir du sommeil profond qui caractérise le somnambulisme complet, pour passer à l'état de veille normale : il faut alors le placer dans un courant d'air, et, par des passes longitudinales des genoux aux pieds, attirer le fluide aux extrémités, pour dégager le centre nerveux.

Quelques magnétiseurs conseillent encore, dans ce cas, de placer, à la racine du nez du sujet et à l'épigastre, un morceau de charbon de bois blanc; ce bois se reconnaît à sa légèreté.

La difficulté du réveil, dans quelques cas particuliers, est la cause d'une grande appréhension du somnambulisme chez beaucoup de personnes, des femmes surtout.

Du reste, parmi les personnes qui, de bonne volonté ou par suite d'une insistance étrangère, se livrent à l'action magnétique, le plus grand nombre ne parvient jamais au sommeil, les deux tiers, au moins. Dans le tiers qui reste, la plupart ferment les paupières, sans perdre connaissance ; l'exception seulement passe au somnambulisme, souvent après beaucoup d'efforts et de patience de leur part et de la part du magnétiseur.

On a, dans le monde, un fâcheux préjugé : c'est qu'un somnambule est soumis à l'action étrangère, au point d'absorber son individualité dans celle d'un autre. Il est vrai que la puissance magnétique est grande; mais, malgré cela, mon expérience me permet d'affirmer qu'en général le somnambule ne dit et ne fait que ce qu'il veut; son intelligence et son caractère s'élèvent, et, si ses passions ou ses préjugés ne dorment pas, c'est sciemment qu'il leur obéit, quand il le fait. Mais il résiste à la pression d'une mauvaise influence, et j'en ai vu qui, avec une force multipliée par cet état supérieur du système humain, frappaient leur magnétiseur ou l'imprudent qui voulait profiter de leur sommeil pour abuser d'une manière quelconque de leur confiance.

Un Anglais qui venait consulter une somnambule, après avoir rémunéré largement sa lucidité, voulut savoir à quoi s'en tenir sur la prétendue indifférence de ces êtres exceptionnels, en ce qui concerne ce qui se passe autour d'eux. Sous prétexte de mettre une bûche au feu, il se baissa tout à coup, espérant profiter de ce mouvement pour surprendre la somnambule, et se permettre une privauté qu'il n'eût pas tentée aussi brusquement dans l'état normal. Il paya d'un soufflet cette expérience intempestive, et le magnétiseur, accouru au bruit, arriva aussitôt pour contempler ce tableau de colère et de déconvenue, recevoir les excuses du curieux étranger, et l'entendre jurer, mais un peu tard, qu'on ne l'y prendrait plus. Il croyait, disait-il, tout permis avec les somnambules. Il s'était trompé.

La somnambule, un peu phrénologue, avait de prime abord, m'a-t-elle dit, remarqué qu'il lui manquait l'organe de la circonspection.

Quelques sujets s'endorment les yeux ouverts : dans cet état, la pupille reste insensible aux rayonnements lumineux, la vision est paralysée; la supercherie se reconnaîtrait aisément, chez un de ces somnambules exceptionnels, au rétrécissement de la pupille si on en approchait un flambeau allumé.

Il y a quelque analogie entre le somnambulisme naturel et celui que produit le magnétisme. Toutefois, il est arrivé souvent que le magnétisme a guéri le premier en produisant le second : dans ce cas, quelquefois, le second est demeuré durable. La différence caractéristique qui les sépare, c'est que le premier ne connaît d'autre direction que sa propre initiative; le second est soumis à l'impulsion du magnétiseur. Quelques passes attractives, accompagnées d'une volonté bienveillante, peuvent cependant mettre un étranger en rapport avec le somnambule naturel.

Chaque somnambule, élève du magnétisme,

naît avec une spécialité qu'il faut reconnaître et développer. Beaucoup de sujets ont une lucidité égoïste, qui ne s'exerce que dans leur propre intérêt ou dans celui de leurs amis. Aussi, doit-on recommander aux personnes qui s'approchent pour consulter un somnambule une disposition affectueuse et confiante : le résultat est au prix de cette condition.

La maussaderie, la défiance du curieux ou du malade produisent le dégoût ou la fatigue chez le somnambule, et souvent une colère, qui peut amener une crise fâcheuse.

Évitez la précipitation, dans la manière de questionner le somnambule ; ne lui faites pas porter la vue, sans transition, sur deux points éloignés l'un de l'autre : il descendra doucement de la tête aux pieds, surtout s'il est de la catégorie des sujets qui voient le mal sans le ressentir sympathiquement. Cette espèce de somnambules est préférable pour le traitement des maladies nerveuses ou mentales : les autre speuvent être pris d'un accès qui les met dans l'impossibilité de répondre ; ces derniers ne doivent jamais être abandonnés de leur magnétiseur. Il faut les dégager, quand on les voit trop souffrir, et leur éviter un rapport trop complet : on les interroge ensuite ; il pourrait leur rester quelque affection durable d'une communication sympathique trop intime.

Je voudrais qu'on attachât les somnambules voyants à l'étude de l'anatomie ; ils pourraient donner au médecin les plus utiles renseignements sur la véritable constitution de l'homme ; ils seraient d'un grand secours, pour établir solidement le diagnostic pathologique. La science éveillée ne connaît que le cadavre.

Le somnambule sensitif est préférable, pour la pratique homœopathique. On lui met entre les mains une boîte des médicaments composés d'après les principes d'Hahnemann ; il la parcourt du bout des doigts, distingue le remède applicable au cas présent, en indique la dose, toujours relativement au tempérament du malade. Il paraît même que l'inventeur de ce procédé spécial a dû à la lucidité d'un de ses domestiques les renseignements sur lesquels il a fondé son système.

Ma pratique personnelle me permet de confirmer cette opinion ; j'ai fait, dans cette série d'idées, quelques expériences heureuses devant un médecin qui s'en est montré émerveillé. Que les médecins consciencieux les renouvellent, et ils s'ouvriront, j'en suis sûr, une voie dont l'étendue est immense.

Si ma fortune avait toujours été au niveau des désirs que j'ai conçus pour le progrès de la science et le bien de l'humanité, j'aurais institué un hôpital dans lequel les malades, classés par catégories, auraient été traités par des somnambules correspondants à chacune d'elles ; toutes les spécialités y eussent eu leur usage, et la lucidité eût servi de flambeau pour le choix des modes de traitement applicables à chaque cas : mesmérisme, homœopathie, allopathie même,

> On peut aller même à la messe,
> Ainsi le veut la liberté,

eussent trouvé leur emploi dans cette clinique encyclopédique.

J'ai eu un somnambule qui mettait beaucoup de temps à établir son diagnostic; il se servait de sa vue intérieure, suivant son expression, puis de ses doigts; il plaçait une main devant, l'autre derrière le malade; appuyait sa tête sur le dos, la poitrine du patient; écoutait le fonctionnement du cœur et des poumons, celui des intestins; puis il se recueillait dix minutes. C'est sans doute à ce soin extrême que tous ceux qui se sont adressés à ce somnambule ont dû la santé.

Je lui disais quelquefois : « Comment se fait-il que vous, qui n'entendriez pas un coup de pistolet, êtes sensible à des bruits imperceptibles ? » Il me répondit un jour : « C'est que ce n'est pas avec les oreilles que j'entends. En rapprochant ma tête du malade, je cherche seulement à établir un rapport plus intime avec lui. »

Il paraît que la mer a une influence analogue à celle du fluide magnétique, ou, du moins, que son voisinage favorise l'action magnétique : un capitaine de vaisseau, qui a beaucoup expérimenté, m'a assuré ce fait; une somnambule, que l'approche de la mer endormait, s'éveillait en s'en éloignant.

Y aurait-il quelque effet de cette cause dans le fait suivant :

Dans une partie nautique, faite au Havre, on mit à la mer une somnambule endormie, qui, dans l'état de veille, n'eût pas osé en approcher : elle se mit à nager avec autant de grâce et de souplesse qu'un maître. C'était la première fois qu'elle s'essayait à cet exercice.

Il serait à souhaiter que toutes ces expériences fussent renouvelées.

Ma somnambule C***, étant endormie, me dit :
« Lorsque vous me verrez me servir de mes doigts
pour examiner un malade, ne me dérangez pas,
et ne me faites pas passer brusquement de la tête
aux pieds ; laissez-moi descendre ou monter à mon
gré. Lorsque je me sers de ma vue ordinaire pour
regarder l'intérieur du corps, ma vue, tout en étant
nette, me montre tous les organes dans une espèce
de demi-jour. Mes doigts, au contraire, me montrent un seul objet à la fois et très-clairement. Fi-
gurez-vous un amateur qui considère un tableau,
la nuit, à la lueur d'une bougie : chaque détail lui
passe devant les yeux à son tour. C'est pour cela
que je n'aime pas être dérangée : j'éclaire chaque
point sur lequel s'arrête ma volonté, et je vais de
l'un à l'autre. Quand j'en suis au cœur, ne me com-
mandez pas de regarder les yeux ou les oreilles ; je
perdrais le fruit de ma peine, et il me faudrait quelque temps pour appeler la lumière sur le point que
vous désigneriez. — Qui produit cette lumière ?
— Je n'en sais rien : elle ressemble à du phosphore. — Nous avons donc du phosphore dans le
corps ? — Certainement. »

Souvent il arrivait à C***, étant dans une pièce,
de voir entrer dans une autre des personnes qu'elle
désignait par leur nom et qu'elle signalait par leur
costume. Elle mettait son doigt au-dessus de son
épaule, et pouvait ainsi voir à travers les murs.
Une fois, du rez-de-chaussée où elle se trouvait,
elle découvrit au troisième étage des objets que je
croyais perdus.

Cette localisation de la vue dans les extrémités
des doigts a de grands avantages. Les somnambules

chez lesquelles cette singulière aptitude est bien accusée, ont au bout des doigts de petits points blancs
lenticulaires.

Un de mes amis me pria un jour de conduire
mon somnambule Alexandre dans une certaine
maison pour y donner la conviction à quelques
personnes incrédules. Une d'entre elles, homme
fort, mais se disant malade, demanda à être mis
en rapport avec le sujet. Alexandre était doué d'une
sympathie qui lui rendait sensibles les moindres im-
pressions de ses malades. Il tâte le pouls, cherche
par tous les moyens à son usage; il reste un quart
d'heure silencieux; moi de trouver le temps long,
les incrédules de sourire. Enfin, fatigué, le somnambule s'écrie : « Que me voulez-vous? vous êtes
très-bien portant, je n'éprouve pas la moindre
douleur. » Insistance du prétendu malade. Alexandre, piqué, ne se décourage cependant pas. Il se
sert de ses doigts pour mieux voir. Enfin, après
avoir touché les oreilles : « Vous êtes sourd, dit-il,
ou plutôt vous avez l'ouïe dure; mais, je le répète,
vous n'êtes pas malade. » C'était vrai.

Puis il se fâche, accusant l'autre de mauvaise
foi; déclare être fatigué d'une recherche longue et
inutile, et demande à être réveillé. Il ne voulut jamais indiquer le remède. Rien ne gêne les meilleurs
sujets comme la défiance, et une espèce de parti
pris d'incrédulité et d'épreuves.

Voici une autre singularité du somnambulisme.

Une de mes somnambules était accusée d'avoir
tenu, dans son sommeil magnétique, des propos
médisants contre une autre personne. Éveillée,
elle ne pouvait se rappeler ce qu'elle avait dit dans

l'état de somnambulisme. Mais elle s'engagea à se faire endormir par son magnétiseur et à se livrer aux questions qu'on voudrait lui faire. Mais ce parti conciliatoire ne fut point accepté : « Je mettrais, disait-on, en la magnétisant, la volonté de lui faire garder le silence. » Il lui fallut donc, bon gré mal gré, se laisser endormir par une autre personne que moi. C'était la première fois. Comme on savait que je serais mécontent de cette scène, il fut convenu que je l'ignorerais. Il résulta de l'expérience que l'accusée, reconnue innocente, fut embrassée et remerciée, puis que la paix fut faite.

Le lendemain, je magnétise ma somnambule comme de coutume : elle suivait un traitement régulier. Chose extraordinaire, si mes genoux ou mes doigts la touchaient, elle se retirait comme si elle se fût brûlée. Cependant, et malgré mon étonnement de ce caprice insolite, elle passe au somnambulisme. Ce fut bien alors un autre spectacle : elle se lève furieuse, frappant des pieds et des mains tout ce qui se trouvait à sa portée. Un effort de volonté, accompagné de quelques passes transversales et de ces deux mots : « Réveillez-vous, » la ramènent à l'état de veille. Je lui raconte ce qui venait de se passer ; le désordre qui résultait de sa petite colère put seul la convaincre de la sincérité de mes paroles.

Le lendemain, même résultat. Cependant, C*** put me dire : « Dégagez-moi, ôtez-moi ce mauvais fluide. » Je commençais à comprendre. Je la dégageai, la calmai, et je sus alors toute l'explication du phénomène. La colère violente de C*** était le résultat d'une préoccupation malveillante de la part de la personne qui l'avait magnétisée. On voulait dégoûter la somnambule du magnétisme et du magnétiseur. Avis aux personnes qui contestent le danger du magnétisme entre les mains de certaines natures haineuses ou passionnées.

Il existe un préjugé dans le monde, c'est que les femmes soient toujours plus sensibles au magnétisme que les hommes. Il y a des exceptions à cette règle, si elle existe. La somnambule N***, étant en sommeil magnétique, endormit son magnétiseur, M. Ricard. Je fus témoin de cette singularité. M. Ricard paraissait être si heureux dans cet état, qu'il regretta qu'on ne l'eût pas interrogé et qu'on n'eût pas recueilli ses paroles. « C'est, disait-il, comme si je n'avais pas dormi, tant mes idées étaient nettes et précises, quoique élevées par l'extase magnétique. » Malheureusement cette fois fut la seule, il ne put plus être endormi.

L'un des phénomènes qui provoquent, chez les incrédules, l'hilarité la plus bruyante, c'est la seconde vue somnambulique appliquée aux objets éloignés avec l'aide de quelques intermédiaires. Nous savons que le sujet le plus distingué, quand il n'a pour guide qu'une mèche de cheveux, un bijou ou quelque autre objet ayant appartenu à la personne qu'on veut désigner à son examen, se trompe souvent; souvent aussi, ce qui vaut mieux, garde le silence. Mais c'est pour nous une raison d'entourer ces sortes d'expériences de toutes sortes de précautions, mais non de douter d'un fait étonnant, quoique certain.

Une dame, âgée de cinquante-quatre ans, était depuis longtemps malade; les traitements divers qu'elle avait suivis n'avaient pu en rien modifier son état. Un ami, dont la femme avait été guérie par un somnambule, lui conseilla d'envoyer une mèche de ses cheveux à quelque sujet de ce genre. Une femme de chambre se mit en devoir de décoiffer sa maîtresse et de démêler des cheveux dans lesquels le peigne n'était pas passé depuis longtemps. Puis elle en coupa quelques-uns, qu'elle dut ensuite porter à une somnambule dont l'adresse lui avait été donnée. On avait enjoint à cette fille de ne rien dire et de prendre note des observations qui seraient faites devant elle.

La somnambule, endormie, prend, tourne et retourne les cheveux entre ses doigts, les porte sur son épigastre et sur son front, puis s'exprime ainsi : « Cette dame n'est pas âgée, elle a de trente-cinq à trente-six ans; elle est blonde; sa maladie est au cœur; elle éprouve des palpitations. Elle a une autre affection dans le système nerveux; elle est hystérique. » La femme de chambre ne peut se contenir : « Mais, s'écrie-t-elle, il n'y a pas un mot de tout cela qui soit applicable à ma maîtresse; tout cela a trait à moi; vous vous trompez de personne. »

On finit par s'expliquer. La femme de chambre, pour couper, réunir, envelopper ces cheveux, les avait tellement imprégnés de son propre fluide, que la méprise de la somnambule était très-facile à comprendre. Elle profita d'ailleurs des conseils qui lui furent donnés de suivre un régime, et de se faire magnétiser. L'hystérie, comme la plupart des maladies nerveuses, a souvent été traitée avec succès par le magnétisme.

On ne saurait donc prendre trop de précautions, pour présenter des cheveux aux somnambules. Que les cheveux soient coupés de préférence à la nuque, le plus près possible de la peau; qu'ils soient enveloppés par le malade lui-même dans de la soie, ou, s'il n'est pas possible, par une personne qui les prenne sans qu'ils subissent le contact de sa peau. D'ailleurs, la communication directe est toujours plus complète; il faut la préférer, surtout pour la première consultation, à la communication à distance, beaucoup de détails pouvant échapper au somnambule.

A ce propos, je dirai qu'il m'est arrivé une fois de recevoir de très-loin, par la poste, trois cheveux, destinés à servir d'intermédiaire entre un de mes sujets et un étranger. Je ne les proposai pas à l'examen de mon somnambule; il n'était pas plus sorcier que les autres; il n'aurait rien découvert, avec des renseignements aussi insuffisants.

Souvent cette faculté de communication à distance peut rendre de très-grands services : les malades ne peuvent pas toujours être transportés; et les somnambules, pour un motif ou pour un autre, ne peuvent aller les trouver. On reconnaîtra naturellement, à l'exactitude du diagnostic seméiotique porté par le sujet, le degré de confiance que méritent ses indications thérapeutiques. Mais, je le répète, que les objets qu'on porte aux somnambules soient choisis de manière à ne pas les égarer, et qu'on prenne tous les soins possibles pour éviter toute confusion de personne, en séparant les émanations fluidiques individuelles : bien assez de causes déjà concourent à obscurcir la lucidité.

QUELQUES CAS SINGULIERS.

Les remèdes des somnambules sont quelquefois fort singuliers. Qu'on n'oublie jamais que le caractère distinctif de leur faculté médicale, c'est un tact supérieur pour distinguer ce qui convient principalement, souvent même exclusivement, à chaque cas. Les vrais lucides ne négligent, d'ailleurs, aucune occasion de le rappeler.

Un employé de ma maison était malade. Mon somnambule lui ordonna une infusion de tabac à fumer dans de l'eau-de-vie; « la dose, » ajouta-t-il, « est calculée de manière à ne pas lui faire fermer les yeux tout à fait; mais le remède va agir jusqu'aux extrémités de chaque système, et demain, le malade sera sauvé d'une paralysie imminente. » Personne ne voulait se charger d'exécuter l'ordonnance. Je le pris sur moi, tant était grande ma confiance dans le sujet. Ses prévisions se réalisèrent; mais, un instant, je crus avoir un cadavre dans les bras.

Une jeune femme, enceinte de quelques semaines, se trouvait dans une telle disposition d'estomac qu'elle ne pouvait garder aucun aliment. Mon somnambule lui prescrivit de prendre un bain de pieds dans l'eau froide aussitôt après son repas; à la deuxième fois les fonctions digestives avaient recouvré leur jeu régulier.

Quelques jours après, étant endormi, il fut interrogé par une personne à qui j'avais raconté cette cure singulière : « Pourrait-on appliquer le même moyen à tous les cas analogues en apparence ? — Gardez-vous en bien, répondit A ***, vous pourriez tuer les autres avec ce qui a guéri celle-là ; presque tous les traitements sont individuels, les traitements violents surtout. Quand j'ordonne un remède, j'en éprouve les effets sur moi-même sympathiquement auparavant. »

Pour prévenir un érésipèle prochain, chez une jeune dame, le même somnambule donna l'ordonnance suivante : « Faire bouillir huit pavots pulvérisés dans un verre d'eau, jusqu'à ce qu'il soit réduit de moitié ; passer dans un linge, et donner à la malade, après l'avoir mise au lit, une cuillerée à café de la liqueur. La première l'étourdira ; la deuxième lui donnera le délire ; la troisième la fera tomber en léthargie. Mais ne craignez rien ; je réponds du résultat. » Il ne se trompa pas ; mais il fallut encore une fois que je me fisse garde-malade.

On peut dire en général que de tels remèdes ne sont jamais prescrits que par des sensitifs distingués ; et ils accompagnent leurs ordonnances de détails et de circonstances propres à en garantir l'utilité. Les somnambules médiocres, comme les médecins embarrassés, ordonnent des remèdes innocents, plus ou moins singulièrement formulés.

Je termine cette leçon par le récit d'un des faits dans lesquels le somnambulisme apparaît comme un phénomène d'une certaine utilité sociale. J'ai toujours recherché dans toutes les applications du magnétisme cette espèce de résultat.

M. Petit, homme aux proportions colossales, aux martiales allures, ex-tambour maître, exigeait qu'on l'endormît pour croire au magnétisme. Letur, mon ami, se trouvait alors à Saint-Quentin. Il accepta le défi, et, en vingt minutes, le redoutable incrédule devint somnambule et lucide.

M. P***, magnétiseur, que ses idées avaient brouillé avec M. Petit, son ancien ami, voulut profiter de son état pour se réconcilier avec lui ; heure et jour sont pris ; des témoins sont invités. Letur, qui voulait faire ce prodige, n'était pas fâché de voir si le nouveau somnambule reconnaîtrait l'autre à son contact antipathique. Il n'y manqua pas : cinq personnes le touchèrent et lui parlèrent sans produire sur lui aucune mauvaise impression ; la sixième, par son approche, c'était M. P***, le souleva sur sa chaise ; il se fâcha d'une tentative qu'il devinait.

Letur, qui poursuivait son but, lui posa une main sur la tête : « Je le veux, » dit-il. « Mais vous me brisez, » répond l'autre. Letur prend la main de M. P***, la joint à celle de M. Petit sans dire un mot. Le somnambule la garde silencieusement un instant ; puis : « Eh bien ! oui, » s'écriat-il, « nous ferons la paix ; mais auparavant je lui dirai ce que je pense ; qu'on nous laisse seuls. » Quelques minutes après, Petit est éveillé, et trouve la main de M. P*** dans la sienne. Il allait la repousser quand Letur, lui imposant la main sur la tête, lui donne la mémoire de ce qui vient de se passer. Depuis, les deux amis sont réconciliés : l'un magnétise l'autre.

S'il y avait un peu plus de gens qui aimassent à voir tout le monde d'accord, ils se feraient magnétiseurs dans le but philanthropique de réaliser la paix perpétuelle. Quelle obligation n'aurait-on pas à Letur, qui a imaginé ce procédé ?

Si le magnétisme peut être dangereux, il peut avoir, comme on le voit, de très-utiles applications entre les mains de gens bien intentionnés.

DOUZIÈME LEÇON

(CONCLUSION.)

Ce cours a un double but : réunir quelques faits pour grossir la collection des expériences faites en magnétisme, et les présenter sous la garantie d'une bonne foi, qu'attestent assez le peu d'apprêt dans le style et dans la conduite du livre, et la simplicité des théories qu'il renferme ; peut-être aussi, pour ceux qui connaissent l'auteur, son dévouement à une cause qu'il croit bonne, et l'indépendance de son caractère. Quant à sa compétence, on pourra la contester : mais une expérience de vingt ans est ordinairement une sécurité sous ce rapport. D'ailleurs, pour ceux qui douteraient de la réalité des faits que contient ce cours, sans aucune prétention, leur propre expérimentation, et la lecture de quelques autres livres, pourraient leur donner des renseignements surabondants sur la question. Car pourquoi, lorsque Deleuze, Puységur, Aubin, Charpignon et du Potet affirment, ne les croirait-on pas aussi bien que les autres savants, traitant chacun le sujet dont il a fait une étude spéciale? En matière de témoignage, les lumières notoires et l'honorabilité des témoins sont des conditions suffisantes à toutes les exigences de la logique, quand à ces garanties respectives se joint celle d'un accord parfait entre tous. Je n'ose me placer à côté de ces hommes éminents : cependant, je ne vois pas trop comment pourrait se justifier un démenti à une assertion de moi, sinon par une inculpation d'aveuglement continu. Or, depuis vingt ans, je ne puis m'être trompé tous les jours, et à toutes les heures.

Mais mon but a moins été de convaincre des incrédules, que de répandre dans les familles une pratique reconnue utile et sérieuse. C'est dans ce cercle à la fois restreint et immense que le magnétisme est appelé à rendre les plus grands services. La mère pourra traiter son enfant au berceau ; prévenir les maladies souvent mortelles qui assaillent nos premiers pas dans la vie ; aider la nature, qui favorise ceux qui marchent dans ses voies ; développer, à la fois, les facultés morales et physiques encore informes de l'être dont Dieu lui a confié le présent, en vue de l'avenir. A propos de cette éducation première, qui a pour objet la santé, je pense quelquefois au jardinier instruit, qui soigne avec amour une plante qu'il a vue naître, et la voit avec un bonheur inexprimable se garnir de feuilles, organes essentiels, et s'épanouir en fleurs brillamment colorées. Que le fluide magnétique soit l'eau bienfaisante dont on arrose complaisamment, avant et après le coucher du soleil, le rejeton qui doit devenir un arbre vigoureux. Dans celle œuvre salutaire, le père à son tour aura son rôle, et la besogne partagée entre deux sera moins lourde à chacun : la moralité de l'enfant sera sauve ; et, ainsi élevé, quand sera venu le moment où il doit rendre en amour et en dévouement à ses parents ce qu'il a reçu de sacrifices et de tendresse, il saura comment faire pour prolonger la vie de ceux à qui il doit tout. Ainsi se formeront des générations saines de corps et d'esprit, parmi lesquelles se propagera de proche en proche l'aptitude magnétique, c'est-à-dire le sentiment de la nature. Telles sont mes espérances : si mes espérances sont des illusions, je puis, à mon âge, croire qu'elles dureront autant que moi-même.

Le magnétisme, je l'ai dit et le répète, agit sur le moral autant que sur le corps : ce cours, les livres de la matière et l'expérimentation, en fournissent chaque jour des preuves par milliers. Le magnétisme est partout où se manifeste une influence individuelle. La nature veut que cette influence se transmette à qui de droit à son tour. Pères et mères, vous avez élevé vos enfants, et si vous avez su le faire, vous les avez conduits jusqu'au jour où ils vous échappent, pour appartenir à d'autres. Mariés une fois, quelques années après votre séparation, la fille devient la femme d'un homme qui la dirige à son tour : à moins que ce soit elle qui conduise son mari. Car le fluide magnétique est une manifestation animique, et l'âme la plus forte en rayonne le plus abondamment, ou bien les deux individualités se modifient réciproquement : les tempéraments s'équilibrent par le contact, et les éléments moraux s'harmonisent, comme entre deux corps de température inégale il s'opère, d'après des lois immuables en physique, un échange de principes calorifiques, qui les amène graduellement à un degré pareil. Alors, ou l'incompatibilité des natures détruit l'œuvre sociale du mariage, ou les goûts s'assimilent, les idées se conforment, par suite d'une invincible sympathie : il s'est produit une sorte de fusionnement.

Les gens qui s'aiment ne se doutent souvent pas qu'ils se magnétisent : le regard, la parole, le rapprochement, ont une telle vertu, que l'union devient bientôt une nécessité : le code naturel a inventé l'amour, et la loi civile a perfectionné cette institution, par l'établissement du mariage, qui doit lui être consécutif.

M. le comte Szapary, qui a fait une étude particulière du magnétisme intime, et qui en a consacré les résultats dans un livre excellent, l'a souvent employé comme moyen thérapeutique. Un jour, il avait été appelé par une personne malade, pour la magnétiser. Il arriva, et se mit à causer avec elle : la conversation, qu'il menait d'après une méthode dont il indique les procédés, roulait sur toutes sortes de sujets, excepté sur l'objet de sa visite.

Tout d'un coup, la malade se rappela qu'elle avait désiré être magnétisée, et demanda à l'habile médecin quand il commencerait son traitement : « Mais, voilà une heure que je vous magnétise; ne vous en apercevez-vous pas? — Si fait : il me semble que je me porte mieux qu'auparavant. — Moi, j'en suis sûr. — Je ne savais pas qu'on magnétisât ainsi. — Tous les procédés sont bons, pourvu qu'ils réussissent à produire le bien. » La malade fut très-satisfaite de ce traitement sans pharmacie ni chirurgie, et ne voulut pas d'autre médecin.

Foi d'un côté, et confiance de l'autre, sont les éléments indispensables et souvent suffisants à toute médecine. Combien de maladies cèdent à la présence du médecin préféré, qui n'ordonne dans ce cas que, pour la satisfaction du préjugé, le chiendent ou le tilleul : encore, faut-il qu'il ait conscience de sa force. Quelle clientèle perdent les docteurs officiels, en refusant d'admettre l'existence du magnétisme ! **M.** le docteur du Planty, qui pense qu'un peu de philosophie vraie n'est pas préjudiciable à une pratique médicale sérieuse, dans une de nos séances publiques, qu'il a l'habitude d'animer par quelques paroles spirituellement sympathiques, comparait le médecin à son médicament, l'outil avec l'ouvrier : « Il faut, disait-il, en toute maladie, prendre du médecin, mais jamais à contre-cœur ; cette circonstance détruit l'effet du remède. » Combien nous partageons cette opinion !

Sans vouloir rien exagérer, je dirai que le magnétisme n'est pas exclusif à l'homme. J'ai cité des exemples de l'application de ce procédé au traitement des plantes et des animaux, qu'il modifie d'une manière quelquefois extraordinaire. N'y a-t-il pas aussi une variété de cette action dans l'influence réciproque des animaux entre eux, et peut-être des plantes entre elles ? Qu'est-ce que la fascination qu'exercent le serpent sur sa proie ; l'aigle sur l'oiseau dont son regard paralyse les ailes ; l'araignée sur la mouche qu'elle attire, avant de la tenir emprisonnée dans les fils de sa toile? N'y a-t-il qu'un méphitisme funeste, dans l'influence mortelle que le mancenillier d'Afrique, et même le noyer de nos climats, exercent sur la nature végétale qui les entoure? Mais ce sont là les vices du magnétisme. Car, notre pauvre monde est ainsi fait, que partout le bien et le mal s'y touchent, et s'y mêlent.

> Là, jamais entière allégresse :
> L'âme y souffre de ses plaisirs ;
> Les jours de joie ont leur tristesse,
> Et la volupté ses soupirs.

On a dit, on a répété, et cette supposition n'a pas été une arme sans force entre les mains des ennemis du magnétisme, qu'il est dangereux, et, qu'appliqué au mal, il peut devenir un agent de démoralisation. Certes, le magnétisme a cette ressemblance avec toutes les forces de la nature, qu'il peut nuire tour à tour et être utile : je n'insisterai pas sur cet argument un peu rebattu. Je me bornerai, en invoquant ma vieille expérience d'homme et de magnétiseur, à faire observer que, s'il est vrai qu'entre des mains coupables le magnétisme soit susceptible de devenir un moyen d'influence redoutable, en revanche le nombre des méchants constitue la minorité de l'espèce : s'il en était autrement, au lieu de voir les criminels condamnés et écrasés sous la supériorité numérique des bons, nous verrions les honnêtes gens en prison et les autres au pouvoir.

Quatre gendarmes et un garde champêtre seraient insuffisants à contenir dans le devoir une population tout entière ; et la baguette du cons-

table anglais perdrait toute sa puissance morale.
Je rappellerai de plus que, depuis Mesmer, les tri-
bunaux n'ont que très-rarement eu à connaître de
crimes auxquels le magnétisme ait servi d'auxiliaire : quelques magnétiseurs charlatans, quelques somnambules tireuses de cartes, et quelques
faux voyants ont dû, de loin en loin, répondre de
leurs faits devant la justice ; mais cela ne prouve
pas plus contre le magnétisme, que ne prouvent
contre la religion les tyrannies sanglantes de saint
Dominique, les crimes d'Alexandre Borgia, les si-
monies et la corruption de Léon X, le procès du
frère Léotade, etc., etc. Qui songe à rendre respon-
sable de toutes ces horreurs le divin législateur de
la charité, qui, pouvant accabler l'humanité de sa
toute-puissante colère, préféra mourir pour elle
sur la croix en lui laissant, pour héritage, les
moyens de se régénérer? Est-il nécessaire de conclure ?

Quels misérables arguments familiers à l'intérêt
froissé, à l'amour-propre déçu, aux sciences erro-
nées, remplaceraient les exorcismes de quelques
piétés timides, et surtout de beaucoup de médecins
effrayés par les progrès du magnétisme, si, quelque jour, un banquet de réconciliation réunissait
les facultés et les sociétés magnétiques sous la
treille de sincérité chantée par Désaugiers! Mais
la polémique sort de mon plan et de mon caractère.

J'ai vu, moi, et ne crois pas m'être trompé, que
les bonnes natures sont surtout portées vers la pratique du magnétisme ; que l'exercice de cet art salutaire les a perfectionnées encore; j'ai vu de braves
gens, laborieux ouvriers, industriels consciencieux,

gens de science et d'art convaincus, heureux d'avoir produit une première cure par la philanthropie et l'amour du bien, remercier Dieu de leur succès, puis le prier de leur en permettre d'autres ; prendre enfin l'habitude de commencer la magnétisation par une oraison mentale : le magnétisme les avait fait penser au Créateur, qu'ils avaient un peu oublié auparavant dans la pratique de leur vie. J'ai vu mieux encore : des matérialistes, des athées, qui ne savaient trop comment faire harmonier les excentricités de leur opinion philosophique avec les instincts généreux de leurs cœurs, devenir peu à peu religieux par la pratique du magnétisme, et s'éveiller un jour, en comprenant qu'en dehors de Dieu le bien n'est qu'un mot vide de sens. Je ne me rappelle pas s'ils allaient à la messe ; mais je certifie qu'ils n'y eussent pas été déplacés. Je ne parle de moi, que pour les besoins de la science. Mais les quelques malades que j'ai eu le bonheur de guérir se rappellent que je les ai toujours engagés à remercier Dieu plutôt que moi du bien qu'ils éprouvaient, parce que j'avais conscience que ma force n'était que dans ma foi et dans ma charité : ils étaient d'autant plus portés à me croire, que ce remerciement était tout le prix que je leur demandais de mes soins. Il serait à souhaiter que tout fût gratuit dans le culte et dans la médecine ; mais je ne formule ce vœu que timidement, tant je crains l'imputation d'hérésie.

On reviendra, j'en ai l'espérance, sur le compte du magnétisme et des magnétiseurs. Une voix dit à l'homme de marcher dans les chemins de la vérité, sans s'inquiéter des obstacles. Les hommes les élèvent, mais la Providence les renversera.

Pauvres somnambules, vous a-t-on assez moqués, vilipendés, honnis! Et pourtant il en est de vrais, qui dorment, quoiqu'ils en aient l'air; qui voient, les yeux fermés, ce que n'a pu découvrir la Faculté avec des lunettes; il en est même, puisqu'il faut tout dire, qui annoncent des événements futurs avant qu'ils se soient accomplis. Souvent, le plus souvent, ces brillants sujets, quand ils sont éveillés, auraient besoin des yeux des autres pour se conduire dans la vie; leur intelligence, tout à l'heure si étendue, n'est plus alors ouverte qu'aux idées les plus fausses, aux connaissances les plus vagues, aux perceptions les plus vulgaires.

Il faut aux somnambules une direction : que le magnétiseur, instrument presque passif, les aide uniquement par la sympathie que leur inspirent son caractère et son esprit, que la lucidité leur montre à découvert. D'ailleurs, qu'il les laisse suivre l'inspiration, qui leur dicte si souvent de merveilleuses ordonnances et d'incroyables prophéties. Cette voix intérieure, d'où vient-elle? J'ai grand'peine à croire aux esprits; je préfère supposer que la nature, un mot pour exprimer la même idée que Dieu ou la Providence, leur donne la connaissance de ses lois et de ses besoins, et se sert de ces organes humains pour communiquer avec ses créatures. Souvent il sort de ses desseins de nous instruire : alors le somnambule divague, et ses oracles deviennent des illusions. Depuis que l'homme est créé et qu'il marche, sans connaître le but, dans une voie où il se sent poussé; depuis qu'il s'agite, et que Dieu le mène; qu'il propose, quand Dieu dispose, a-t-il jamais compris les desseins de la Providence? Qu'il n'essaye pas de sonder cet abîme, et qu'il se contente des indications qu'elle veut bien lui donner de temps à autre. Mais qu'il ne nie point les faits : c'est blasphémer la nature.

Les somnambules, comme chaque créature a sa destinée particulière accusée aux yeux de l'homme par des aptitudes individuelles, ont chacun leur spécialité.

La phrénologie pourrait peut-être éclairer la science sur ce point. Encore une science incomplète et incomprise !

Mais attendons patiemment que le magnétisme soit reconnu, comme l'ont été successivement le mouvement des corps célestes, la circulation du sang, la vapeur et le galvanisme, après maints échecs et une longue opposition. Alors on l'utilisera, comme toutes ces découvertes, dans des applications régulières, et d'autant plus utiles, comme la vapeur à la locomotion, et la chimie aux industries diverses.

Alors, quiconque naîtra avec la vocation de magnétiseur ou de somnambule, pourra utiliser ces précieuses facultés au bien de ses semblables, sans crainte de l'ironie, de la haine, et de pis encore ; car la persécution n'a pas manqué au magnétisme, pas plus qu'à toutes les autres découvertes utiles. La loi sera intervenue pour régler l'exercice de ce nouveau procédé d'une portée incommensurable. Il y aura toujours des charlatans, ou des spéculateurs : où n'y en a-t-il pas ? Mais ces ennemis dangereux des idées vraies et des pratiques utiles le seront moins, parce que le public saura les reconnaître, et que personne ne sera plus intéressé à les confondre avec les honnêtes gens.

Quand cela sera-t-il? Fasse Dieu que ce soit bientôt. J'aurais tant de bonheur à voir couronner l'œuvre de ma vie et de vingt-cinq ans de travaux par le triomphe d'une cause de prédilection !

Un mot avant de vous quitter, mes chers lecteurs, si j'en ai eu. Ce livre, ou plutôt ces quelques causeries, sont la première, et sans doute la dernière œuvre de leur auteur ; elles résument un désir de bien qui a été, suivant quelques-uns, la plus grande faiblesse de ma vie ; suivant moi, sa seule justification. Que la critique, avant de les juger, veuille bien chercher l'homme sous l'écrivain, c'est la seule faveur que je lui demande. Si je me suis trompé, comme tant d'autres, qu'elle excuse l'intention ; en tout cas, mon erreur a été à mon préjudice, jamais à celui de personne autre. D'ailleurs, le seul intérêt que j'ai tiré de ma carrière magnétique, comme le seul résultat que je m'y suis proposé, a été de guérir quelques-uns, et de convertir quelques autres à une cause qui me paraît être celle de la vraie science et de l'humanité.

FIN DU COURS DE MAGNÉTISME.

TABLE DES MATIÈRES

PREMIÈRE LEÇON.

Pages.

Aperçu général du magnétisme.   1
Influence du magnétisme sur les animaux   4
Le magnétisme, sous la forme d'une volonté soutenue, employé à rendre le cours normal à la circulation   9
Le délire du suicide calmé par l'emploi du magnétisme, expérience faite en public 10

DEUXIÈME LEÇON.

Une incrédulité changée en étonnement 16
Un somnambule annonce quinze jours d'avance son passage à la lucidité. 18
Une tumeur au genou guérie. 19
De fortes contusions guéries en peu de temps . . . 21

TROISIÈME LEÇON.

De l'épilepsie 27
Une foulure guérie en une séance. 31
Un enfant gravement malade guéri par sa mère après une seule leçon de magnétisme 32
Paralysie du bras guérie en six semaines 34
Guérison d'une phthysique 35
Expériences faites sur les animaux. 36
        —   — sur les végétaux. 39

QUATRIÈME LEÇON.

Effets de l'eau magnétisée sur une somnambule. . 48
Le magnétiseur prend quelquefois le mal de son malade. 53

CINQUIÈME LEÇON.

Pages.

Une somnambule endormie oublie qu'elle est mariée depuis trois jours 56
Des précautions à prendre pour mettre les somnambules en relation avec les fous et les épileptiques. 58
De l'instinct des animaux pour se guérir 59
Une somnambule suit des cours d'anatomie pendant
son sommeil 60
Névralgie faciale et presbytie guéries par le magné-
tisme 62
Il faut dégager les somnambules en les réveillant
après la consultation. 65
Les somnambules annoncent avec précision leurs
crises futures. 69
Une somnambule reste six mois dans le sommeil. . 73
Une somnambule distingue les globules homœopa-
thiques. 75
Une somnambule nommant une personne inconnue. ib.
Dangers qui résultent de la faculté qu'ont les som-
nambules de lire dans la pensée. 78

SIXIÈME LEÇON.

De l'extase 84

SEPTIÈME LEÇON.

Avantages de voir à distance pour les somnambules. 95

HUITIÈME LEÇON.

Opération chirurgicale faite sur un sujet rendu insensible par le magnétisme. 106
Réconciliation opérée par le magnétisme 111

NEUVIÈME LEÇON.

Pages.

Danger d'abandonner un sujet magnétisé à un inconnu   121
Guérison d'une jeune fille, aux eaux d'Aix, par le
docteur Despine.   124

DIXIÈME LEÇON.

Guérison d'un enfant hydrocéphale.   132
Une fracture de deux ans guérie par le magnétisme.   137
Application morale du magnétisme   139

ONZIÈME LEÇON.

L'Anglais curieux   143
Le somnambule ne veut pas être trompé.   149
Le somnambulisme contrôlé par lui-même. . . .   149
Les cheveux, au moyen desquels on consulte un
somnambule, ne doivent être touchés par per-
sonne   151
Quelques cas singuliers.   154

DOUZIÈME LEÇON.

Une dame malade guérie, sans s'en apercevoir, par
la méthode du comte Szapary.   160
Le magnétisme multiplie, chez celui qui l'emploie,
le sentiment religieux.   163

FIN DE LA TABLE DES MATIÈRES.

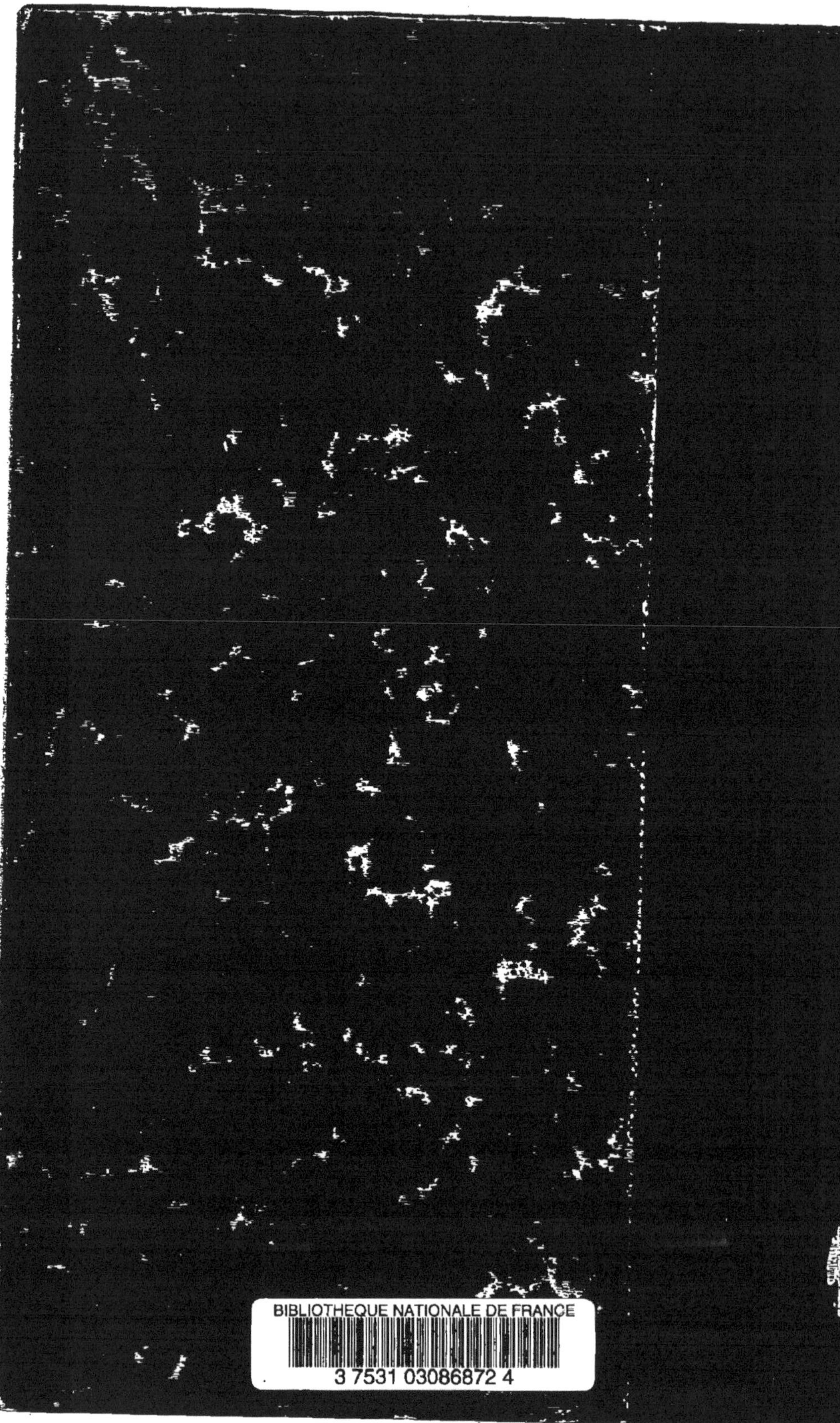